フードバリューチェーンが変える日本農業

大泉一貫
Ohizumi Kazunuki

日本経済新聞出版社

はじめに

本書では、２０３０年を視野に入れた今後の農業の姿を、統計や経営学の力を借りながらリアルに描く。それは、私たちがこれまで常識と考えていた農業とはかなり異なったものになっているだろう。

例えば、本書のタイトルには農業とはなじみの薄かった「フードバリューチェーン」という用語を使っている。農業もマーケットインや連携の時代に入っており、そのことを実態的・理論的に表現するために用いたものである。フードバリューチェーンを視野に入れた農業を「フードチェーン農業」といっているが、「食と連携する農業」とでもいえばいいだろうか。マーケットを知る食品企業や、技術開発を知る資材・ＩＣＴ企業等と連携する農業である。

２０３０年にはフードチェーン農業のような新しいビジネスモデルが普通になっているだろう。日本の農業は生産性が低いといわれて久しいが、それによって生産性や所得は2倍から3倍になっている可能性もある。

新しい農業に期待と関心をもっていただける方に、本書が大きな参考になれば著者にとって望外の喜びである。

第1章では、2030年には大規模農家の時代が到来し農業は成長軌道に乗ると予測している。

1990年から2010年までの20年間、日本農業は産出額を減らし、衰退に追い込まれた。この時期を私は「農業の失われた20年」といっている。これには稲作偏重農政といわれる保護農政が関係していた。

現在も小規模農家の減少は続き、土地生産性は停滞しているが、労働生産性は伸び始めた。背景には大規模農家の増加がある。わが国の農業は今後、大規模農家優位の構造に大きくシフトし、やがて農業の生産性や農業所得の向上に拍車がかかることになる。

いまのところ、生産性向上は小規模農家の退出によって促されている面が大きいが、今後は存在感を増す大規模農家の動向、とりわけ彼らの事業拡大によってもたらされることになるだろう。

実際、大規模農家の生産性は、農業平均の5・7倍とすでに高い水準にある。彼らが中心となっている市町村の生産性も平均の4倍強と高い。鹿児島大隅半島から宮崎にかけた市町村、千葉、茨城、群馬の関東圏、さらに北海道道東地域、それに東海地方の市町村である。

ちなみに本書では大規模農家といっているが、これは農業経営者のことである。農業界には農業経営者を表す定量的な指標がなく、他方で、大・中・小など、販売額ごとの農家の動向は統計的に把握可能となっている。そこで、本書では、販売額5千万円以上の農家を大規模農家とし、それを農業経営者と同義としている。だから本書の農業経営者とは、5千万円以上の販売額をもつ大規模農家（農業経営体）のこととなる。

第2章では、その農業経営者の事業拡大、生産性の向上を促すのがフードバリューチェーンであることを理論的、かつ実証的に述べている。

農業経営が伸びるには、大きな市場、伸びる市場へアクセスし、それに合わせた絶えざるイノベーションが必要となる。それにはフードバリューチェーン上にある多くの事業者と連携していくのが早道である。本章では、マーケットイン、チェーンの最適化、イノベーション等がキーワードになるが、強調したいのが多くの事業者との連携（アライアンス）である。「餅は餅屋」で農業者はもっとその人たちの力を借りたらいいということである。例えば、コメ市場は縮小し、競争の激しいレッドオーシャンといわれ、稲作農家は激減している。そうしたなかでも業務用米はブルーオーシャンにある。農家がその市場にアクセスするのは難しいが、コメ卸等とアライアンスを組んだ農家は100ヘクタールを超える経営を可能にしている。上越の穂海農耕（丸田洋社長）などの事例を紹介しているが、フードバリューチェーンは事業の拡大を促すものであり、この章ではなぜそうなるのかを少々理論的に整理している。

第3章では日本農業の革新の担い手たちを紹介しながら、フードチェーン農業がどのように日本の農業に浸透しているのかについて述べている。

フードチェーン農業は、市場原理にまかせておけばできるというものではなく、チェーンでの合理性・効率性の必要性を感じ、チェーンの最適化を図ろうとする人々がいてはじめて実現する。

その機能をもった人々を本書ではチェーンマネージャーと呼んでいるが、彼らは、みな新しい農業のビジネスモデルや流通のプラットフォームを作り、多くの小さな農家をフードバリューチェーンへと導き、経営や地域の農業生産性を向上させている。この機能は、バリューチェーンに参加するすべての事業者が担い得るものの、実態としては農業経営者や食品企業が担っているケースが多い。

本章では、そうしたチェーンマネージャーを紹介している。

具体的に名前を挙げると、和郷園の木内博一社長、こと京都の山田敏之社長、トップリバーの嶋崎秀樹社長、(株)さかうえ坂上隆社長、野菜くらぶの澤浦彰治社長等々である。他にも何社か紹介しているが、いずれも長年にわたって私が教わってきた人たちである。

農業者だけではない。第2章で述べたコメ卸(例えば、神明、伊藤忠食糧、ヤマタネ、むらせ、千田みずほ等々)もフードチェーンに関心をもちながら農業の革新に寄与している。第3章では、恵那川上屋の鎌田真悟社長、カルビーの松尾雅彦元会長、オイシックス・ラ・大地の高島宏平社長や農業総合研究所の及川智正社長等々を紹介している。デリカフーズホールディングスの大崎善保社長は第5章で紹介している。この他にも肥料商や農薬・肥料・化学メーカー、農機メーカーなど、チェーンマネージャーになり得る人は各界に豊富に存在している。

第4章では、小規模から大規模農家まで、つまり日本の農家のすべてが、フードバリューチェーンとどのように関係しているのかを述べている。農業を知らない読者にも、今後日本の農業がどのように変わっていくのかわかってもらえるように書いてみた。

農業は作物を作るのが仕事と思われている。その通りだが、いい作物を作るには、いい事業を作らなければならない。それには経営管理を考えフードチェーン農業など、新しいビジネスモデルが必要になる。わが国の多くの農業論はそのことをあまり考えずに論じる傾向がある。

しかし事業を作ればそれで終わりというわけではない。日本農業の変革者たちは、農村での人材育成、投資、事業承継、のれんなど、価値づくりを意識している。それは付加価値の高い農産物や事業を作るというだけではなく、経営としての価値を高めるということである。作目づくりから事業づくり、価値づくりは、農家の成長に合わせて重点を移すが、実際にはこれら三つは一つの経営で同時に行われている。

農業革新の担い手たちに、何をめざして農業をしているのかを聞いてみると、「農業・農村の価値を高めたい」とする意識に当たることが多い。価値づくりを意識した経営である。それを本書では名望家をめざす精神としたが、そうした発想があるか否かで農家と農業経営者は大きく分かれていく。

違いは経営管理やビジネスモデルに大きく表れる。日本農業の革新者たちが現実を切り開きながら新しいモデルを作ってきた背景には、「農業・農村を価値あるものにしたい」といった精神が強く影響している。苦労しながらも楽しんで作り上げたビジネスモデルがフードバリューチェーン農業である。

それは、大規模農家の事業拡大に特有の経営システムだが、同時にあらゆる企業や小規模農家にも開かれている。大規模農家にとっては、食品企業やＩＣＴ企業と組みながら、仲間の農家を増やし、皆と一緒に団体戦を行える仕組みでもある。それは、１９９０年代に主張した「機関車農家」と「客車農家」のような関係といってよく、それが結果として生産性、所得を伸ばし、日本農業を底上げすることになる。

チェーンマネージャーが、農業界、産業界の両サイドからもっと出てくることになれば、日本の農業はまだまだ成長するに違いない。特に農村や農業界からその役割を担う人々がもっと生まれてほしいものである。それにはやはり名望家としての精神が農村に育まれ広がっていくのが一番だろう。それは「恨みがましいこと」に関心を払うのではなく、「農業・農村は真に価値あるものだ」と腹の底から思い、実際にその価値を具現化しようとする、前向きで、明るく利他的でかつ強い精神である。そうした未来指向の精神に農村が覆われるのがこれからの10年であってほしいと願っている。

そのためにどうするか。それほど多くの手法があるわけではないが、その精神をもっているチェーンマネージャーたちが、新たなビジネスに挑戦しながらも、自分たちのストーリーを語り続けることが一番ではないかと思っている。そうした場を作るのが私たちの役割かもしれない。それが広く農村に浸透していけば、彼らに続く農業のチャレンジャーはこれからも多数生まれてくるに違いない。

第5章では、フードバリューチェーンの最適化や農業のイノベーションにＩＣＴ化がどのように関与できるのか、その可能性を述べている。

農業のＩＣＴ化は、農水省主導のスマート農業によって進められている。内容は、農業生産に関わるデータの収集とデジタル化であり、農業生産工程の合理化である。スマート農業によって、圃場での農業生産性は向上するものの、食品流通、フードバリューチェーンでのＩＣＴ化、ＡＩ化に農業が巻き込まれると、農業の生産工程は大きく変わり、生産性はさらに飛躍的に向上することになる。そうした農業のＩＣＴ化を本書ではスマートフードチェーン農業といっており、その事例をいくつか出しておいた。

スマートフードチェーン農業は、やがてSociety5.0をめざし、ますます生活に溶け込み、社会データと連動しながら動く農業、データ駆動型農業（農村ＤＸ）になっていく。デジタルでデータがやりとりされ、健康やリサイクル、スマートシティの実現等々、農業は、様々な横展開によって産業や生活を支え、新しい価値を生む社会インフラの一つとなる。そうした農業は残念ながらまだ実現していないが、本書で述べたスマートフードチェーン農業は、明らかにデータ駆動型農業（農村ＤＸ）への架け橋になると考えている。そのためには、この10年で、農業を、ネット環境やデジタル化に適合的なものに意識的に変えていかなければならない。

第６章は、成長農政の経済的性格と、それに至る政治プロセスを述べている。「農業の失われた20年」には、保護農政が関係している。プロダクトアウトで農業生産の世界に浸ってきたのだ。それを成長農政では需要フロンティアの拡大やバリューチェーンの構築を政策目標とし、政策環境は一変した。

転換できたのは、政官業のトライアングルという保護農政の意思決定システムを官邸主導に変えたことが大きい。ＴＰＰの大筋合意や農協改革、小泉進次郎衆議院議員等の活躍も話題になり、２０１３年以降、成長農業をめざす政府の方向性は明確だった。本章では、そうした改革プロセスの一端を紹介している。

ただ、２０１８年以降、政権の強い改革意欲は影が薄くなり、また保護農政に戻るのではないかとの疑心暗鬼も生まれ始めている。私は、本書で述べたような日本農業の改革者たちによるフードバリューチェーンの動きはもう誰にも止めようがないと考えており、彼らによる農業の成長は、農政の如何にかかわらず着実に浸透していくのではないかと考えている。
この10年で、わが国農業はきっと地域を支える有力な産業に成長し、世界に冠たるものになるに違いないと予測している。

大泉一貫

2020年1月

フードバリューチェーンが変える日本農業　目次

第2章

農業の生産性向上・事業の拡大を促すもの

第3章 フードバリューチェーンで新しい農業を作る経営者たち

3　食品企業が導くフードチェーン農業からみえてくる連携の強み……136

第4章

フードバリューチェーンが日本農業を変える

第5章

ICTで進むフードバリューチェーンの最適化

第6章
バリューチェーンの構築をめざす成長農政と農政改革

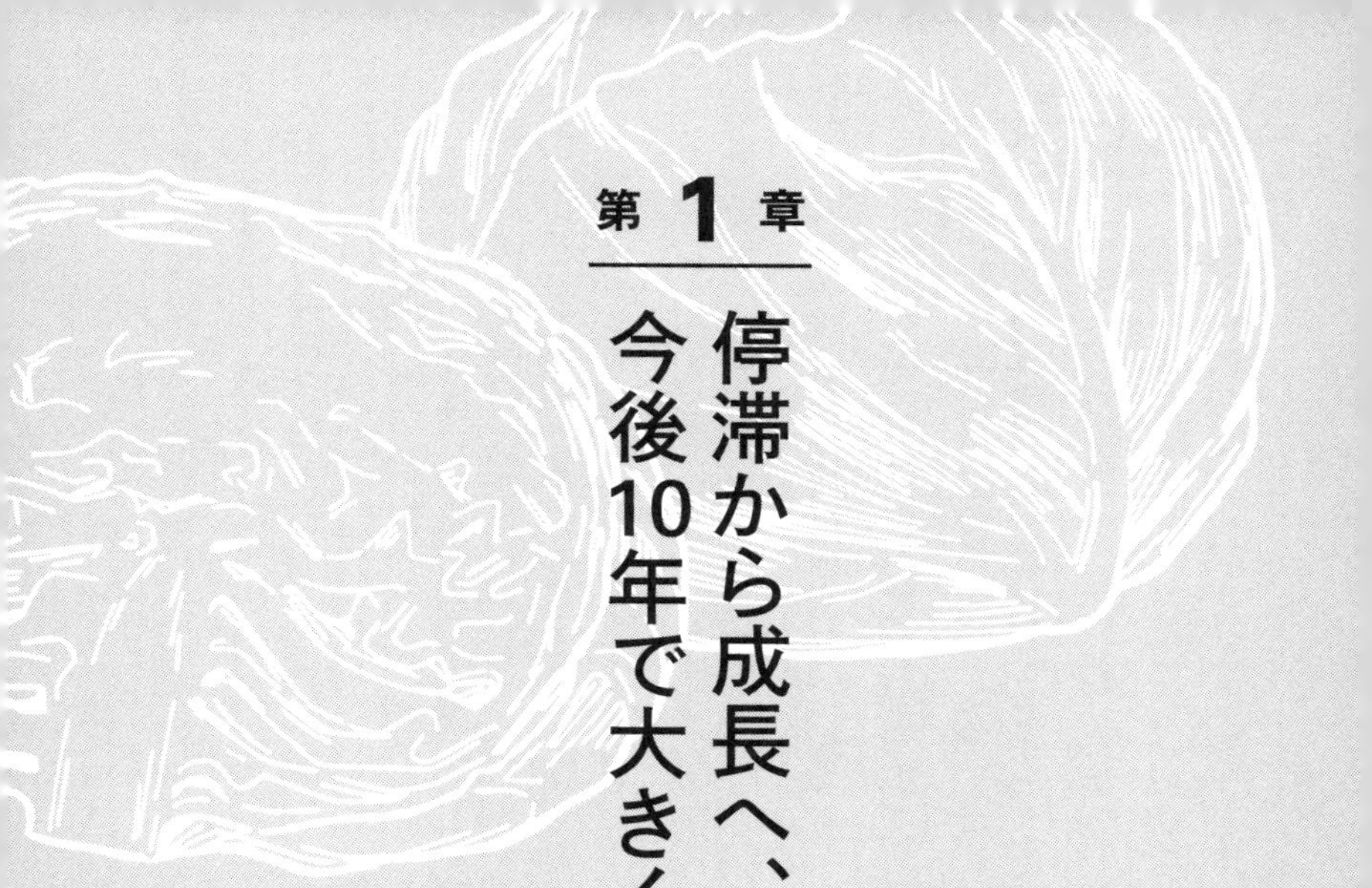

第1章

停滞から成長へ、今後10年で大きく変わる日本の農業

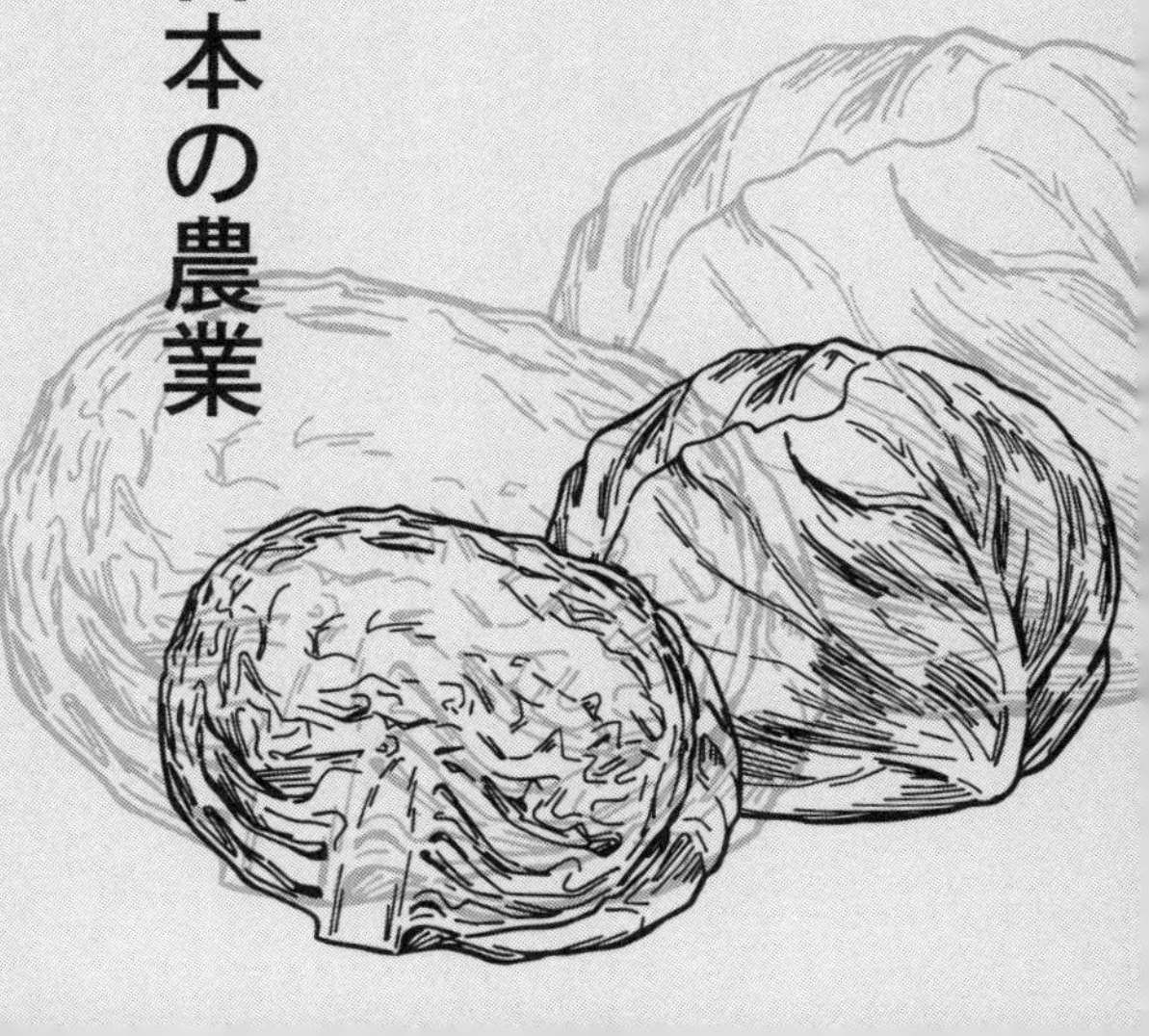

1　1990年から日本の農業は変調をきたし「農業の失われた20年」となった

1990年から農業産出額も農業所得も急速に低下し始めた

1990年から2010年にかけ、わが国の農業産出額は減少の一途をたどった。この時期を私は「農業の失われた20年」と呼んでいる。

わが国の農業は、1984年に過去最高の産出額11・7兆円を記録したが、その後90年前後に大きく変動し、94年から2010年まで一気に低下する。その結果2010年には8・1兆円と90年前後の約7割に縮小した（図表1－1）。

農業所得もこの時期同様に減少している。産出額に所得率を乗じたのが生産農業所得で、所得率は、この時期35％から45％の間にあった。生産農業所得は産出額と同じように推移する。実額にすると4・8兆円から2・8兆円へと59％まで減り、減少率は産出額より大きい。

同時に、農家も農業就業人口もほぼ半分近くまで減っている。

1990年の297万戸が、2010年には168万戸と56％に減った。年平均6・45万戸の

図表1-1　農業が変調をきたした時期がある　農業産出額の推移

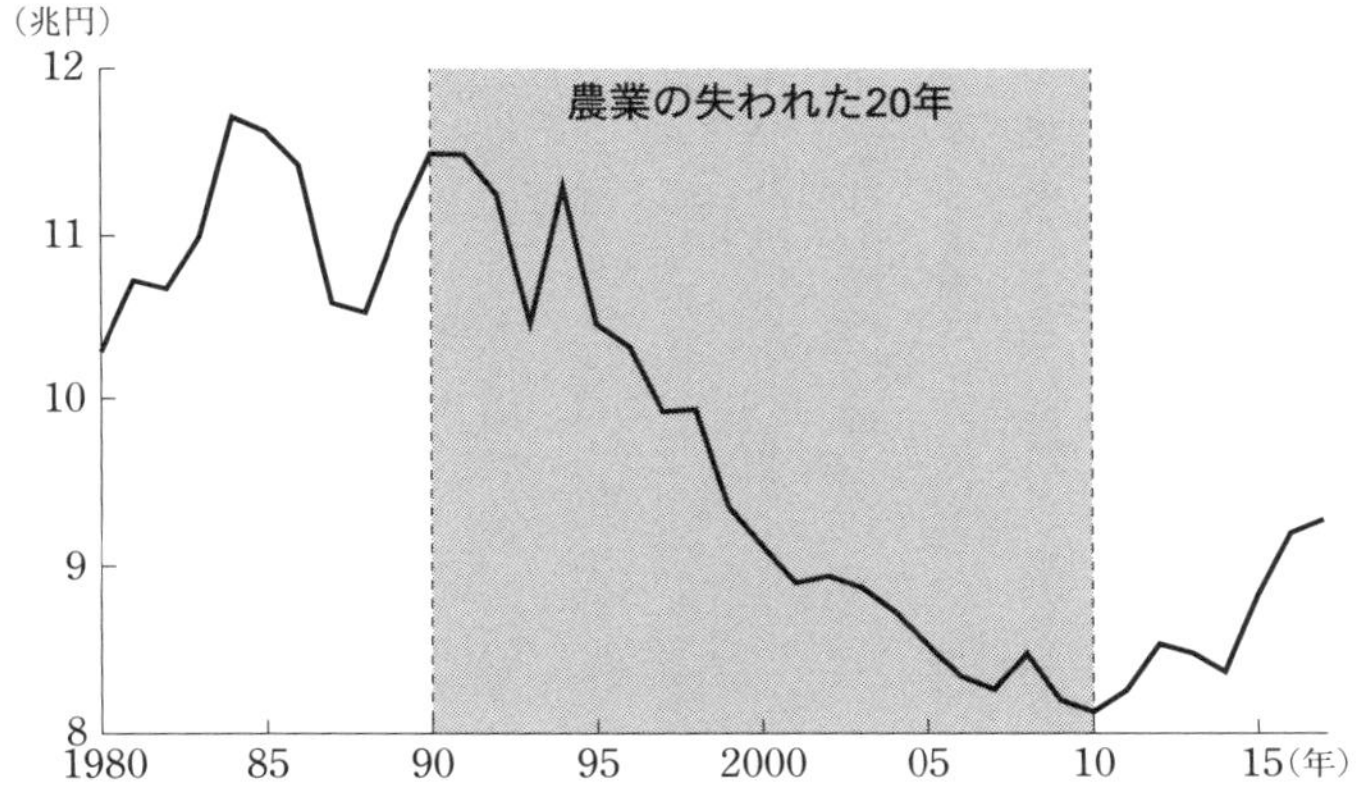

出所：生産農業所得統計

減少である。

本書でいう農家は、農林統計上の概念である農業経営体をカウントしている（２００５年以前は販売農家をカウントしている）。農業経営体は、家族経営体と組織経営体といわれるものを合算したものだが、その実態はほとんどが（97・6％）家族経営体である（２０１５年センサス）。農業経営体の中には、家族経営体であろうと組織経営体であろうと株式会社等、なんらかの法人形態をとって農業を行っているものが１・７％程度存在している。

他方、農業就業人口は、１９９０年の４８２万人が２０１０年には２６１万人に減少した。平均すると約11万人／年ずつ減少を続けたことになる。

農家や農業就業人口はある意味産業の成長とともに減少するものだが、深刻なのは、こうした農家や農業就業人口の減少が、この時期だけ構造改革に結びつかず、農業産出額や農業所得の減少に結びついてしまったことである。

一般的に産業の構造改革は、会社数の減少とともに、大規模化や生産性の向上がみられ、結果として産出額は増加するものである。そうして生産性の高い競争力の強い産業が作られることになる。またそうした構造改革を進めないことにはその業界、あるいはその産業は衰退することになる。

それは農業も同じで、農業は構造改革が難しい産業といわれているが、それでも高度経済成長期から1990年までは、農家数や農業就業人口が減少するなかで、産出額は増加し、生産性向上に結びついてきた。つまり、産業一般に通用する考え方が農業でも妥当していたのである。それが1990年から2010年までの「失われた20年」では農家数や就業人口が減少するなかで、産出額も所得も増加せず、逆に減少するという異常現象が起きたのである。

図表1－2をみてほしい。時代の経過とともに農家数が一貫して減少し続けているのがわかる。X軸に農家数を取っており、それが右から左に常にシフトしている。Y軸には農業産出額を取っている。

1960年から85年まで、つまり高度経済成長期には農家が減少しても産出額は向上している。それが90年からは、農家が減少するにつれて農業産出額も減少し始める。これは農家数の減少が構造改革に結びつかず、逆に農業構造の弱体化が進んでいることを示している。

図表1-2　農家数と農業産出額の関係

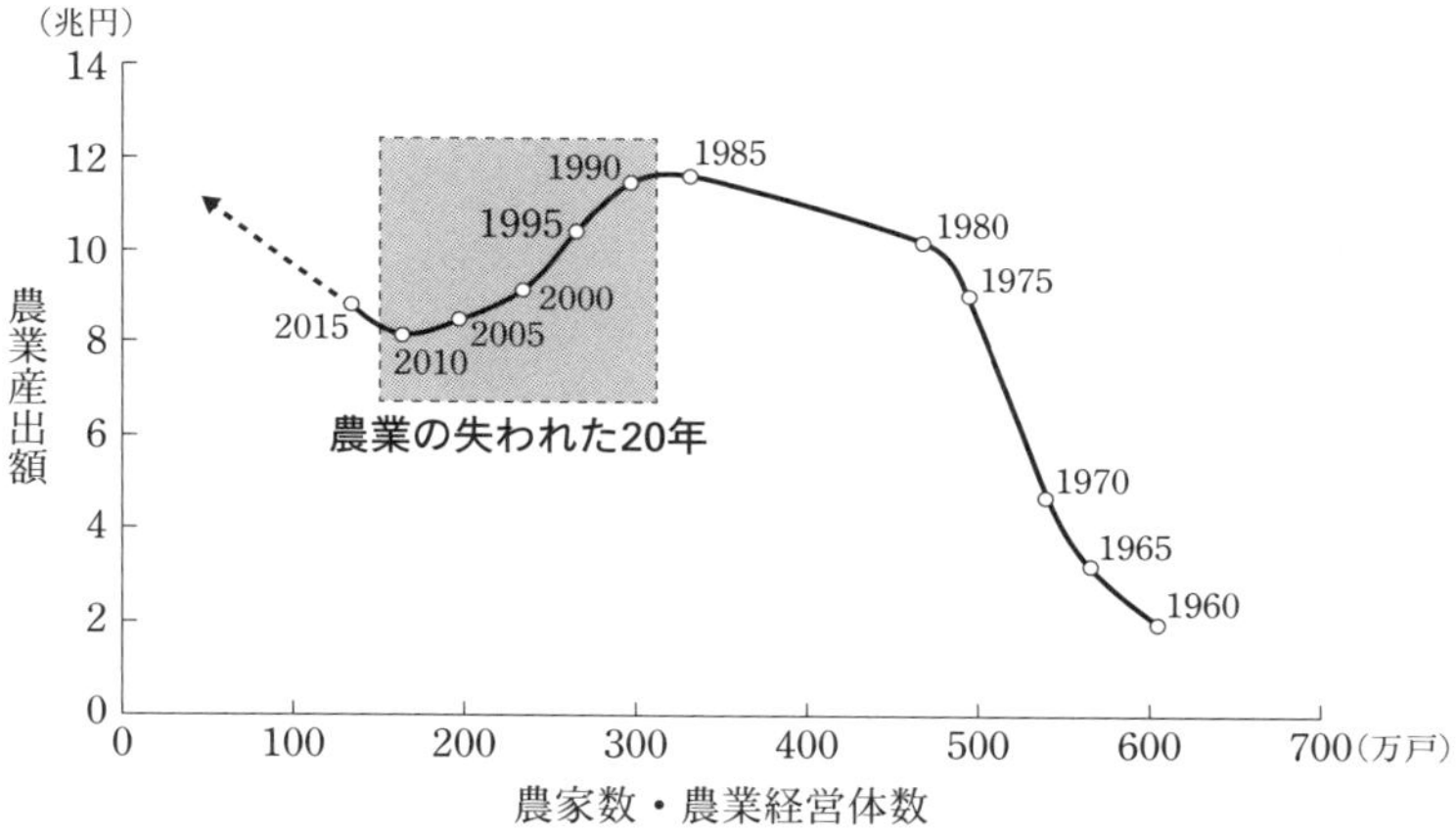

出所：農林業センサス、生産農業所得統計

農家数が減少しても構造改革が進まないこの現象は産業の衰退としかいいようがなく、この20年間、わが国農業は明らかに変調をきたしていたのである。

1990年から生産性も低下し、「農業の失われた20年」となった

農家数・農業就業人口が減少して産出額が減少したのは、生産性が停滞・後退したためである。この時期は、戦後唯一農業の生産性が伸びなかった特異な時期でもあった。

図表1－3は、1960年からの農業生産性の経年変化をみたものである（生産性の分子にはGDPではなく、産出額を取っている）。Y軸には労働生産性を、X軸には土地生産性を示している。曲線は、概ね右肩上がりだが、単純な右肩上がりではなく、ちょうど90年から2010年まで

図表1-3　農業の成長も衰退も生産性次第

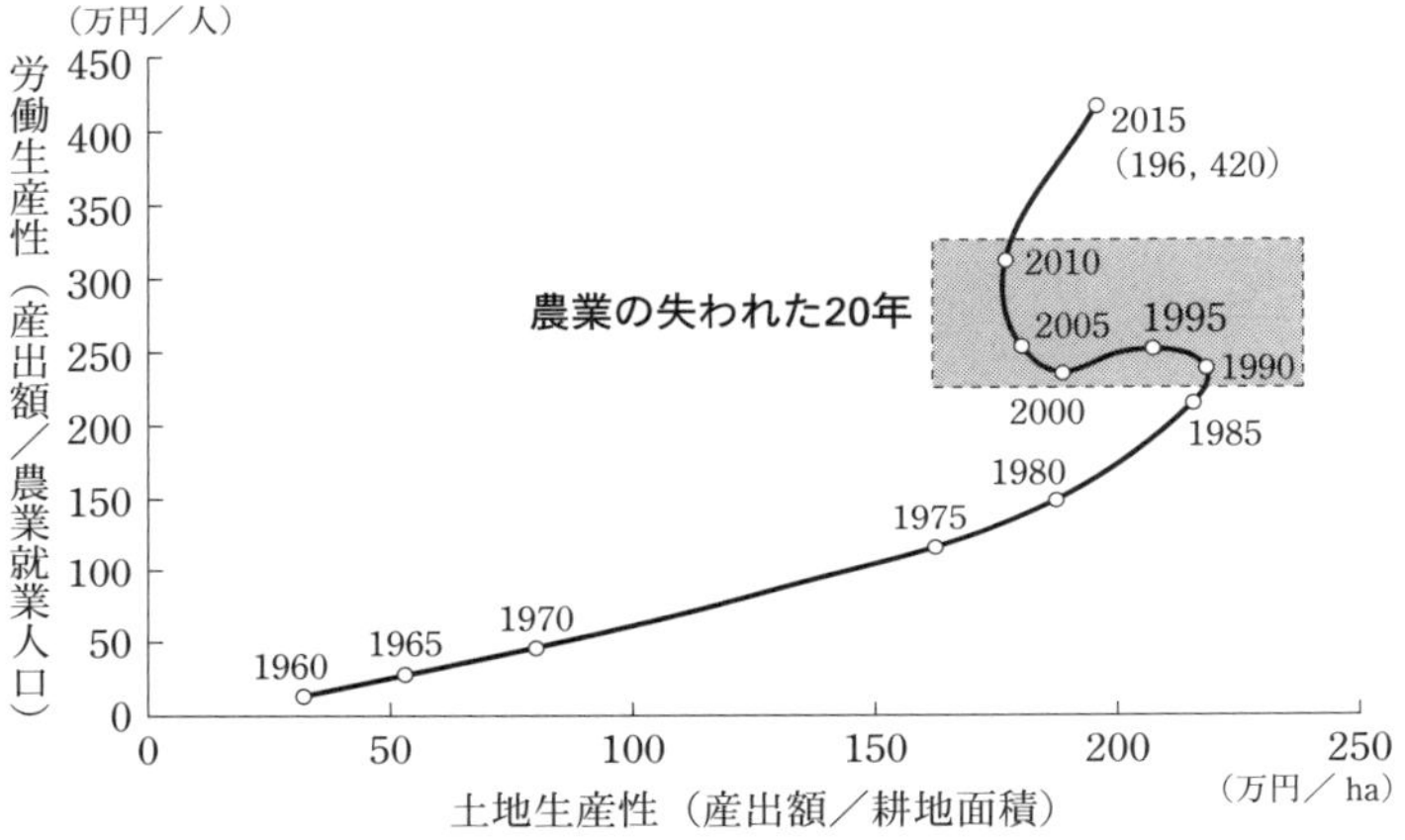

出所：農林業センサス、生産農業所得統計、耕地及び作付面積統計

の20年間蛇行しているのがわかる。「失われた20年」以前の高度経済成長時代には、土地生産性も労働生産性も向上しているが1990年以降になると、労働生産性も土地生産性も後退・停滞し、蛇行し始めるのだ。

労働生産性は2000年まで、土地生産性は10年まで減少し続ける。「農業の失われた20年」の最大の特徴はまさにこの生産性の低下にある。

この時期の生産性の低下に関しては、様々な要因が考えられるが、やはり稲作の停滞が大きい。特に水田農業の粗放化は現在も続いているため土地生産性は今なお低迷が続いている。

特に、稲作の生産調整による増収意欲の後退が大きい。米価維持政策の限界がみえ始め、生産調整強化といった稲作環境の閉塞感の中で、肥培管理の手抜きが進み、多収米など土地生産性を向上させる技術が停滞し、コメに代わる高収益作物がなかなか定着せず、合理的な輪作も視野に入らず、ただただ粗放な農業が進み、耕作放棄地が増加していった時期である。

他方、稲作の労働生産性は、大型トラクター、汎用型コンバイン、乾燥施設等の定着、各種収穫機の開発導入がみられ、２０００年代には乾田直播の省力技術の普及など、それなりの効果がみられた。だがこうした農機の大型化は、基本的に高度経済成長下で作られた中型技術体系の大型化、高性能化であって、作業工程の変革を促すような新たな技術開発、新たな作業の機械化（イノベーション）というものではなかった。そのため機械化によって、産出額の低下に歯止めをかけるには至らなかったといえよう。それどころか逆に機械化によって荒らし作りや作付放棄も含めた農業の粗放化が進展し、全体として効率が上がらず、生産性は低迷することとなった。

こうした中で、図表１－３では、土地生産性は相変わらず低迷を続けているものの、２０１０年以降労働生産性は向上しているようにみえ、若干明るい兆しがみえている。この向上について述べておこう。これには二つの要因が考えられる。労働生産性の分子に当たる産出額に改善がみられたことと、就業人口の減少幅が大きくなり、分母に相当する就業人口が少なくなったことが影響している。

農業の産出額の改善とは、畜産や野菜の産出額が底堅く変化し始めたことだ。この間、稲作の産出額の低下は続いていても、２００５年ごろから畜産が、10年ごろから野菜の生産額が増加に転じ、農業全体の産出額の下落幅を小さく押しとどめるようになってきた。

特に畜産は、一部に繁殖牛のような零細農家群があるものの、酪農、肥育牛、養豚、養鶏等々の畜種で構造調整が進み、概ね産出額が底を打ち、その影響を受けて全体の農業産出額の下落幅が小さくなるという現象が起き始めた。

こうしたなかで、２０１５年以降は、野菜や畜産が主役となってわが国の農業を牽引するようになり、他方、わが国農業の象徴として常にトップにあった稲作の産出額は、10年まで低下の一途をたどった。１９９９年には畜産に抜かれ、２００４年には野菜にも追い抜かれてしまい、今や畜産、野菜に次ぐ第３位の部門に落ちている。結果として、日本農業の構造は、畜産、野菜に稲作が加わる三本柱の構造となったが、「農業の失われた20年」は稲作の地位の低下の時期だったのである。

他方、農業就業人口の労働生産性に及ぼす影響に関しては、２０００年に入り就業人口の減少幅が大きくなったことが影響している。１９９０年代の農業就業人口は、年平均約10・７万人程度で減少しており、５年単位でみれば約53・５万人減少している。実際には、95～２０００年25万人、２０００～05年54万人と推移していたのが、２００５～10年74万人と、平均の約１・４倍に減少幅が大きくなった。このことによって２０１０年の就業人口が少なくなり、結果として労働生産性の伸びがみられるようになったということである。

2 「農業の失われた20年」には保護農政が関係していた

保護農政と成長農政の違いは何か？

不思議なことに、これほど大きな農業の縮小が生じていたにもかかわらず、社会的にも政治的にもあまり関心をもたれることはなかった。農業界でも、ウルグアイ・ラウンドに対応して農業保護を強化せよといったことはよくいわれたものの、その後に起きたこの農業の縮小を深刻に受け止めていたきらいはない。農業関係者たちには、「農業は衰退するのが当たり前」とする固定観念があった。

それどころか、１９９０年からの20年間、農業生産性が低下し、農業産出額が低下したのは、ある意味経済発展のなかで必然だとする論調が根強くあった。一次産業である農業は、社会変化とともに、二次産業や三次産業へと産業がシフトして相対的に縮小するというものである。だが、この20年間の動向はそれ以前の高度経済成長期とは明らかに様相を異にしていた。

そうなってしまったのは、私は、戦後の保護農政システムが、時代と合わなくなってしまったことが大きいと考えている。

わが国の農業ほど政策に左右される産業はない。農業は、農政を語らなければ、将来の方向は

図表1-4　農政の転換

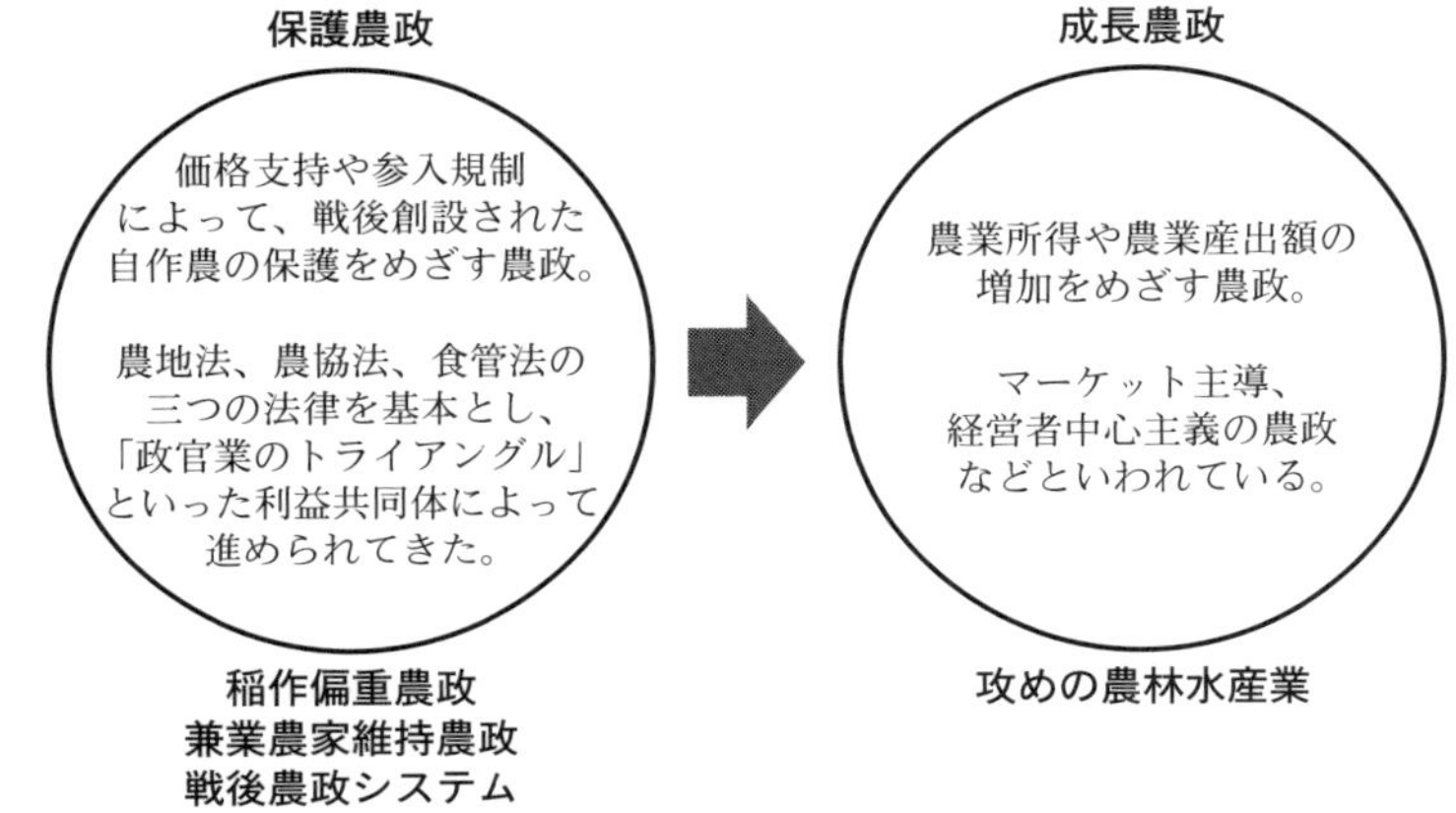
保護農政
価格支持や参入規制
によって、戦後創設された
自作農の保護をめざす農政。
農地法、農協法、食管法の
三つの法律を基本とし、
「政官業のトライアングル」
といった利益共同体によって
進められてきた。
稲作偏重農政
兼業農家維持農政
戦後農政システム
成長農政
農業所得や農業産出額の
増加をめざす農政。
マーケット主導、
経営者中心主義の農政
などといわれている。
攻めの農林水産業

描けず、農業の将来を語るには農政の有り様を知らなければならないといった状況にあった。そのため私が学んできた農業経済学という学問領域は、農政学との境界が判然とせず、政治経済学そのものであった。

戦後保護農政と90年代の農業を取り巻く状況が合わなくなったとはどういうことか？

その前に、保護農政とは何か、その対極としての成長農政とは何かについて簡単に述べておこう（図表1－4）。

保護農政には、兼業農家維持政策や稲作偏重農政、戦後農政システムや政官業のトライアングル等々といったいろいろないわれ方がある。政策内容は、価格支持と参入規制を通じて戦後創設された自作農の保護をめざしたものである。農地法、農協法、食管法の三つの法律を基本とし、政官業のトライアングルといった利益共同体によって推進されてきた。その結果新規参入や、農地流動化は制限され、規模拡大への閉塞感が生まれるとともに、米価維持を目的としたコメの生産調整による生産制限策で生産意欲は削がれていった。この農政は、戦後高度経済成長期にその熟爛期を迎えていた。

これに対し、成長農政とは、農業所得や農業産出額の増加をめざし、供給サイドの強化や市場開発を通じ、マーケット主導、経営者中心主義の農政の展開を特徴としている。第二次安倍晋三政権での攻めの農林水産業がわが国で初の成長農政といわれている。

保護農政が生まれた背景には、戦前の農業問題が関係している。それは、農業者の貧困問題であり、その原因に、農業規模の零細性や地主・小作間の対立があった。

農業の貧困問題解決のため、戦前から石黒忠篤や小平権一などの農林官僚は、小作農の自作農化に情熱を注いできた。それが戦後の農地改革等で実現し、農民はすべて自作農化した。地主制を復活させるなど、これを後戻りさせてはならないというのが、戦後農政の基本理念となっていった。

戦後改革によって確かに農村の地主・小作対立は解消したものの、農業の零細性は残った。この零細性を解消しようと、農林官僚の小倉武一らが中心になって、1961年に農業基本法を制定し、農工間の生産性格差・所得格差是正を図ろうと、構造政策等を推進したが、時あたかも戦後保護農政の熟爛期であり、零細自作農制度を解消して保護農政を転換することはできなかった。それどころか、農村から都市へと労働力供給がなされる中で、保護農政は、自作農を兼業農家として維持し、農村の中に社会的安定層を作るのに寄与した。これは保護農政のいわば成功体験である。保護農政の下で、農家は農業生産で所得を得るのではなく、工業など他産業従事で所得を得るようになっていく。

保護農政はなぜ時代と合わなくなったのか？

そうした保護農政が１９９０年以降、時代と合わなくなったと述べたが、それはどういうことか？

一言でいえば、保護農政が社会構造やグローバル化する社会と合わなくなったということである。この時期、三次産業の比率が高くなり、生産ではなく、消費が主導する社会構造や産業構造へと変わり、食糧不足から過剰の時代へと農産物市場も変化した。80年代後半以降は、プラザ合意や日米構造協議等によって国際化時代の農政が必要とされ始めていた。時代は、そうしたことに適合する農業を求めていた。

農水省は、86年農政審答申（21世紀へ向けての農政の基本方向）を打ち出し、国際化時代に向けた農政への転換を考え始め、牛肉・オレンジの自由化交渉や、ウルグアイ・ラウンド（ＵＲ）農業交渉に踏み出した。

牛肉・オレンジの自由化は、その後、国際化時代に合った強い牛肉・オレンジ産業を作ったが、93年のＵＲ合意では、米価維持や関税化阻止などの保護農政の手法にこだわった。その象徴的出来事がコメの関税化の阻止である。

UR合意ではコメの関税化は阻止したが、その代償として輸入を義務づけられるミニマムアクセス（MA）米と呼ばれる米を受け入れざるを得なくなった。その輸入量は年々増加することとなった。これは確実に日本に入ってくるコメで、これによって日本のコメ市場は縮小した。米価を維持する代わりに、コメ市場を明け渡したということだ。

それにもかかわらず、農水省は、輸入米による国内農業への影響はないと当初発表するが、UR交渉を終えて帰国した塩飽二郎農水審議官は影響を与えないはずはないと驚いた。

やがて輸入米の年次増加はわが国コメ産業に不利になることが誰の目にも明らかになるようになって、農水省は99年コメの関税化に踏み切る。これは関税化阻止を訴えた保護農政とは逆の施策となるが、少し考えてみれば、UR交渉の当初から関税化が日本の農業にとって良いことはわかっていたはずだ。つまり戦後保護農政の政策手法がもはや時代後れのものになっていた何よりの証左である。

国際化時代に必要とされるのは、生産性の高い農業をいかに作るかにある。グローバル化や社会構造、市場構造に沿った農政が必要だったのだ。

それにもかかわらず、政府は、価格支持や参入規制を続け、兼業農家を維持し続けた。その結果、2015年には、兼業農家が滞留し、販売額1千万円未満の小規模農家が9割を占めることとなった。その8割、つまり全農家の7割以上は、「サラリーマンをしながら農産物販売額

３００万円未満の農家」という豊かな農村住民を作ることとなった。その見返りが、「農業の失われた20年」という農業の後退、衰退だったのである。

保護農政がすでに限界に来ていたにもかかわらず、それに気づかずに従来の農政を続けてきた当然の結果だった。

いや農水省はその限界に気づいており、需要に応じた生産にシフトする動きや、参入規制を緩和するための農地法の改正にも取り組んでいた。だが、保護農政を維持・推進する政官業のトライアングルが強固なため、なかなか本格的な転換ができなかったのだ。行政は、様々な努力をしたが、本格的な成長農政への転換は２０１３年の成長産業化をめざす農政、攻めの農林水産業を待たなければならなかった。

成長農政の効果が現われ始めるのは２０１５年ごろからである。実際10年まで減少を続けてきた農業産出額は増加に転じ、「農業の失われた20年」から決別し始める。

この増加には畜産や野菜の増加が寄与しており、今後も産出額は増加し続ける可能性がある。この動きを成長農政の成果によるものとみることもできるが、同時に米価値上げも寄与しており、保護農政的色彩もある。したがって、これを成長農政の成果によるものというにはその動向はまだ弱々しく、今後も予断を許さない状態にある。特に畜産や野菜の伸び、さらにはコメの輸出等で産出額の増加が期待されているのが今の農業情勢だが、米価値上げによる影響をできるだけ排除して産出額を伸ばしていくことが期待されている。

90年代、成長農政によって輸出力のある成熟先進国型農業を作ったEU

本格的な成長農政について語るとき、参考にみておきたいのは、産出額や輸出額の大きいヨーロッパの成熟先進国型農業である。私が、これまで農業の成長産業化を主張する際にモデルとしてきたのがこの農業である。ここで少し成熟先進国型農業とは何かについて触れておこう（図表1－5）。

世界には、開発途上国型農業、新大陸先進国型農業、それに成熟先進国型農業の三つのタイプの農業がある。

開発途上国型農業は、原料農産物を作り、自国民への食糧供給を最優先する農業であり、中国、インド、ロシアなどにみられる農業である。

新大陸先進国型農業は、経済発展とともに原料農産物の過剰生産に陥ったため、それを輸出に振り向けることで解決策を見出してきたアメリカ、カナダ、オーストラリアなど、新大陸の先進国にみられる農業である。この二つの農業はともに原料農産物の生産を特徴としている。

これに対し、成熟先進国型農業は、原料生産から脱却し、市場のニーズをとらえて商品開発を行い、食品加工業と連携することで農産物の付加価値を高めてきた生産性の高い農業である。

私は、この生産性や付加価値が高く、農業を輸出産業としてきたEUの成熟先進国型農業を参考に、農業の成長産業化を唱えてきた。この型の農業は、食品や加工農産物など、付加価値の高

図表1-5　世界の農業の型

1. **開発途上国型農業　　　　BRIC's**
（自国の国民を養うことが第一の課題。食糧問題が生じやすい。原料としての農産物生産が中心）

2. **新大陸先進国型農業　　　新大陸諸国**
（過剰から輸出へ転換、輸出目的の農業。労働生産性が高く、世界市場開拓が大事。原料農産物）
注）ブラジルが近年新大陸型に移りつつある

3. **成熟先進国型農業　　　　旧大陸（ヨーロッパの国々）**
（付加価値の高い農産物で輸出力をもつ。商品開発・市場開発力のある農業）

い農産物を輸出しており、原料農産物を輸出している他のタイプの農業と一線を画している。

注目したいのは、輸出額の大きいEU諸国の農業が一朝一夕にできたわけではなく、その実現に向けてEUは農政改革に挑戦してきたということだ。ここでは特に輸出を伸ばすことになった農政改革について紹介しようと思う。

EU農業が輸出力を伸ばしていくのは、2000年代からである。1993年ウルグアイ・ラウンド（多角的貿易交渉）合意からの数年間は、農産物価格は下がり輸出額も低下するなど、EU農業は構造調整の時期に入っていた。この辺は、臥《が》薪《しん》嘗《しょう》胆《たん》の時期でもあったが、EUはその間に様々な改革を進めた。

図表1－6をみてほしい。世界で農産物輸出の動きがみられ始めるのが1970年以降である。

その前の2、3年、世界は当時農産物過剰にさいなまれていた。その過剰への対応が各国で異なっており、対応には三つの違いがあった。アメリカは輸出や援助で対応し、日本は生産調

図表1-6　日本農業はいつから世界の動きと違ってしまったのか?

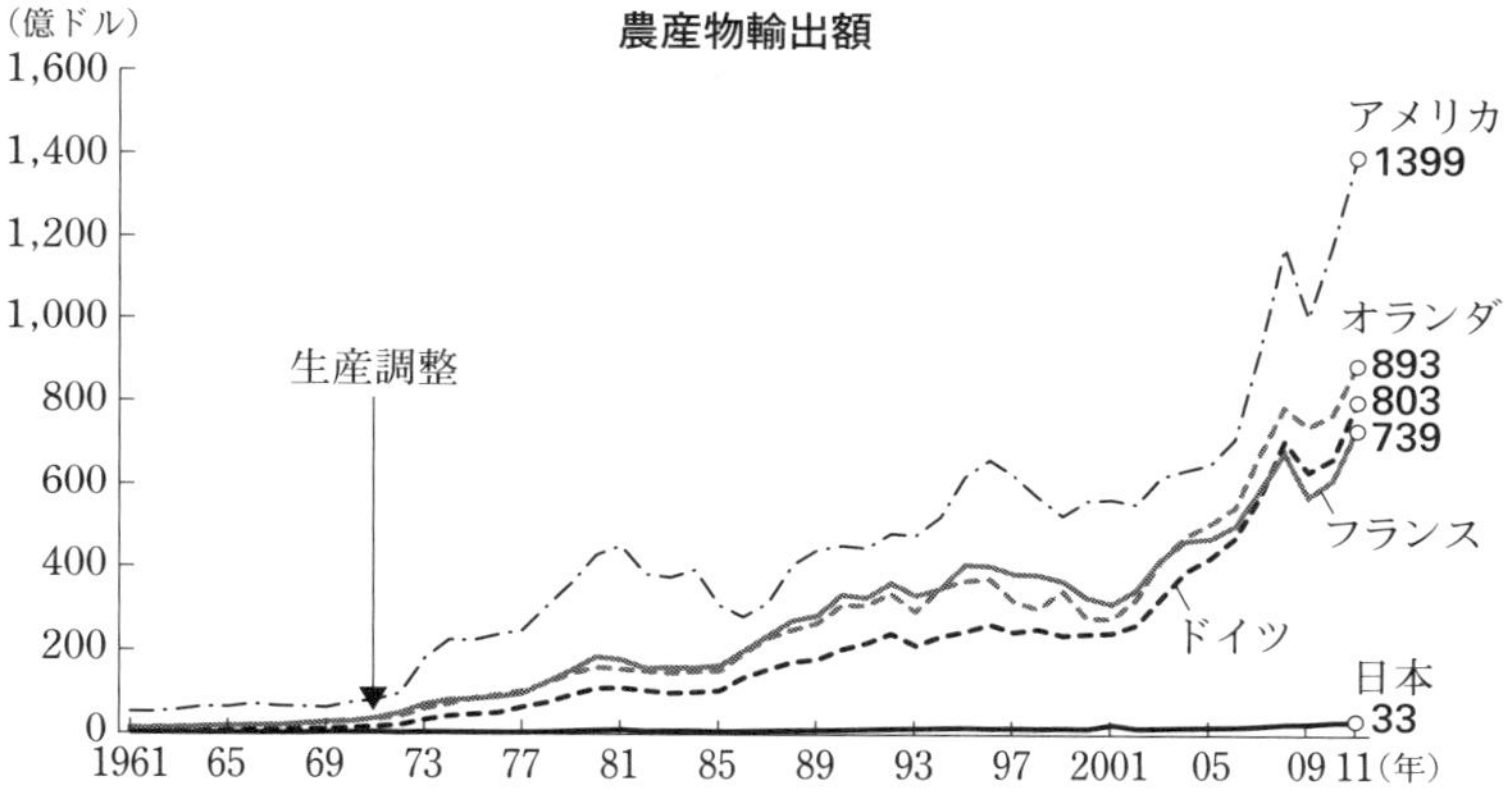

出所：FAOSTAT

整で対応した。ＥＵ諸国は、生産調整もしたが同時に補助金をつけた輸出を推進した。その対応の違いが、その後の政策マインドの違いとなって増幅される。

転機は93年の「関税および貿易に関する一般協定（ＧＡＴＴ）」のウルグアイ・ラウンド（ＵＲ）合意だった。図表１－６を少し細かくみると、95年から２００１年までＥＵ諸国の輸出額が停滞・減少しているのに気づく。これはＵＲ合意によって、輸出補助金が廃止されたため減少してしまったのだ。

輸出補助金がなくなったことによってＥＵ農業は輸出力を失い、余剰農産物がＥＵ内市場に出回ることになる。当然農産物価格は低下する。同時に、やはりＵＲ合意によって農産物の価格支持政策が廃止される。それによって価格は低迷を続ける。これがいわば市場原理の導入ということだ。そこでＥＵは、市場原理に対応した保護政策を行う。価格支持制度の代わりに農家保護政策として直接支払制度を導入し、価格支持から財政支持への補助体系の転換を行った。いわゆるマクシャリー改革といわれる共通農業政策（ＣＡＰ）改革である。価格は下がるが農家所得は保障されることになる。

この時期、ＥＵの農産物輸出額は減少し、農産物の低価格が定着する。つまりＥＵ農業は構造調整に入ったのだ。この構造調整を通じて、ＥＵは市場、特に国際市場に適応する競争力のある強い農業構造を作り上げることになる。それにはやはり５、６年の時間がかかった。この５、６年を利用し、ＥＵは先に挙げた成熟先進国型農業のビジネスモデルを作り上げることに成功する。

この臥薪嘗胆の時期でもフランス政府などは、輸出振興団体であるフランス食品振興会（SOPEXA）などを活用して輸出に前向きに取り組んでいた。輸出低迷期でも輸出を諦めていたわけではなく、将来を見越して考えていたのだ。

ＥＵ農政に学ぶとすれば、農業をバリューチェーンでとらえることを学ぶ

ＥＵ農業に学ぶとすれば、輸出力の高い農業であり、それを作り上げた政策的プロセスである。それは、農産物価格を下げて「直接支払い」を講じ、輸出力の高い農業を作り上げることだろうか？　この政策、確かに重要な政策である。だが、わが国が取り入れるのに適しているかといえば、私は必ずしもそうは思っていない。学ぶ政策と考えているのは、むしろ付加価値を高

め、生産性を強化するために取られた諸政策であり、何よりも業界全体を融合するために講じられた各種の規制改革である。

世界、とりわけヨーロッパのような伝統ある農業国では、食品と農産物の垣根をなくし、農業も食品産業の一環ととらえる潮流がある。農産物生産から加工、流通までを一連の経済プロセス（フードバリューチェーン）ととらえる傾向が強まっている。ここが大変重要な点だ。そのための技術開発には様々な企業が関わり、農業のイノベーションに貢献している。

具体的にいえば、食品流通や加工メーカー等の食品産業と農業とのコラボレーションの促進や、卸売市場改革、さらには資材メーカーなどと組んだ技術開発へのコミットメント等である。

成熟先進国の農業政策は、農業を知識産業と位置づけており、特にオランダの場合にはそれらを一体的に推進するクラスターやフードバレーを構築し、国の経済成長を担うトップセクターに位置づけている。輸出に関しても、輸出先での販売や消費の拠点を作り上げ、そこに国産農産物を流していくシステム構築を模索している。いわゆるグローバルフードチェーンである。

つまり、農業を、孤立した世界、あるいは農協等も含めた自己完結した農業の世界に置くのではなく、国の産業の一つとして他の産業と有機的な関連をもち、消費社会に合わせた自己改革ができるようにするための規制改革やプロモーションが大切となっている。そうしたことをわが国の農政が学び取れるかが問われていると考えている。その点、わが国の成長農政は、改革の基本は間違えてはいない。しかしそれに限らない農業を取り巻く環境の整備はまだまだ必要となっている。

3　農業の生産性と農業所得は2倍から3倍にできる

農業の生産性は現状の2倍から3倍にできる

「農業の失われた20年」の教訓は、生産性が低下して農業産出額や農業所得が低下したということである。逆にいえば、生産性が向上すれば、農業産出額や農業所得の向上は可能となる。今後農業のポテンシャルを向上させ日本の農業を成長産業にするには、付加価値を向上させるなどして生産性を向上させることが必須となる。

その可能性についてみてみよう。

残念ながらわが国の農業の生産性は低い水準にある。生産性を上げるのは至難の業だといった意見は根強い。２０１０年以降、労働生産性が向上し始めたとはいえ、その中身をみると盤石とはいえない。農家数が減少する中で、生産性や付加価値の向上が本当に可能なのか、これからの農業に課せられた大きな課題といえよう。

生産性は、経済学的には総合（全要素）生産性で推し量るのが本質的とされているが、実際には、名目ＧＤＰと就業者数の比較で産業ごとにみることが多い。そうして計算した農業の生産性

図表1-7　農業の生産性は全産業の3分の1

2015年	GDP名目	就業者数	労働生産性A
			GDP／就業者数
全産業 農業	531.31兆円 4.91兆円	6,376万人 210万人	833.3万円 229.5万円
農業／全産業（%）	9.2	3.3	28.1

	農業産出額	就業者数	労働生産性B
			産出額／就業者数
2015年	8.80兆円	210万人	419.5万円
2017年	9.27兆円	182万人	509.3万円

出所：国民経済計算、農林業センサス、生産農業所得統計

は、２０１５年で２２９・５万円程度である。これは、国内の全産業の３割弱程度でしかない（図表１－７）。

また、農業では、通常、労働生産性と土地生産性を代表的な指標としてみることが多い。両者の関係は、労働土地比率を媒介して理解される。労働生産性(Y/L)＝土地生産性(Y/A)／労働土地比率(L/A)である。このうち、肥培管理などのＢＣ技術（Bio-Chemical Technology）は土地生産性に影響を与え、機械化などのＭ技術（Mechanical Technology）は労働生産性に影響を与えるというように、両技術は、生産性に影響を与える一つの、しかし大きな要因とされている。

先にあげた図表１－３（全国平均の農業生産性の経年変化・推移）は、その土地生産性もわかるように描いたものである。この図は縦軸に労働生産性、横軸に土地生産性を取っているが、その際、分子に

GDPではなく、産出額を取っているので労働生産性は2015年で229・5万円ではなく419・5万円となっており、土地生産性は196万円／ヘクタールとなっている。

農業の生産性は低く、一見生産性の向上は八方ふさがりの状況にあるようにみえる。だが、私は、農業全体としての生産性は現状の2〜3倍にできるし、その結果、農業GDPは増加し、農家所得も2〜3倍にできると考えている。こういうと、これからはAI／IoTの時代だから、それで生産性が向上できるのではないかと期待する人がいる。確かにそれもあるが、スマート農業に関しては第5章で述べることにし、ここでは技術開発による生産性の向上だけではなく、もっとオーソドックスに経営学的視点から農業の生産性の向上をみてみたいと思う。

農業の生産性は地域や経営間で大きな違いがある

生産性は現状の2〜3倍にできると私が考える根拠は、農業生産性の地域格差や経営格差に注目しているからである。わが国農業の生産性は、平均値でみるとたしかに全産業の3割以下と低いものの、地域や経営によって非常に大きい開きがみられる。

県単位でみると、平均の2〜3倍の県や道があり、さらにこれを市町村単位でみると、平均の5−6倍の市町村がある。さらに農業経営でみると、大規模農家の平均は、全国平均の5・7倍で、大規模農家の中には、平均の20倍以上の生産性をもつ農家も存在している。農業の生産性は地域格差、経営格差が大きく、農業の生産性はやり方によって大きく異なるといえよう。

図表1-8　県別の農業生産性　最高で平均の2倍弱

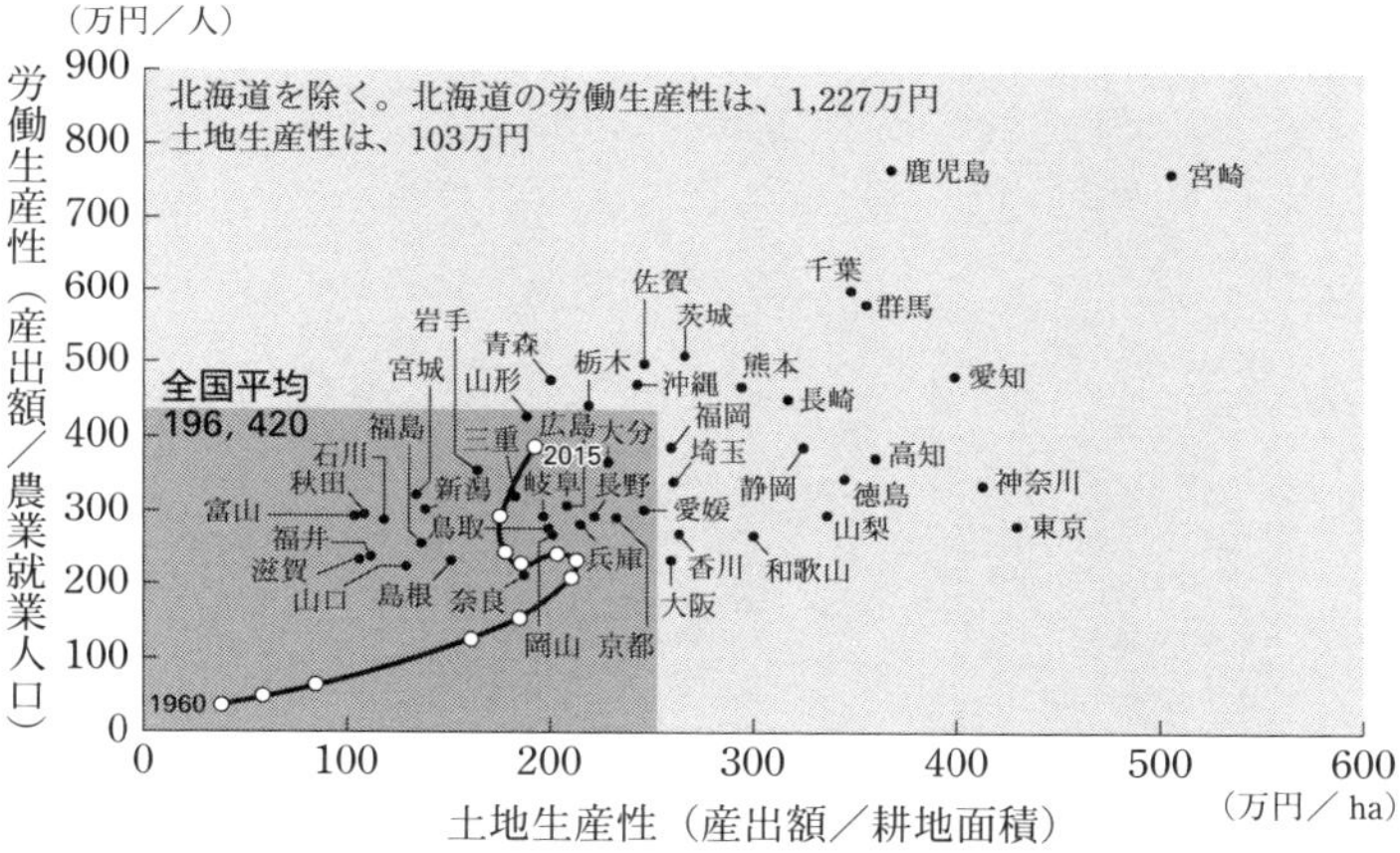

出所：2015年農林業センサス、耕地及び作付面積統計、2015年生産農業所得統計

まず図表１－８をみてほしい。この図は２０１５年の各県の農業の生産性と図表１－３を重ね合わせたものである。全国平均の生産性の図は左下の一角を占めるにすぎない。（１９６、４２０）と、ちょうど山形県の数値と平均値が近くなっている。

他方、全国平均の２～３倍の生産性を上げている県がある。農業先進県といわれる鹿児島や宮崎の労働生産性は平均の２倍近く、北海道は３倍以上となっている。千葉、群馬、茨城といった諸県も平均より高い生産性を確保している。

北海道や鹿児島や宮崎さらには千葉や群馬のような農業をやれば、全国平均の農業生産性は図の右上に伸びる余地はまだまだあるといえよう。

土地生産性でみれば、宮崎、愛知、神奈川、鹿児島、群馬、千葉などが高い。北海道を除けば、おしなべて関東、九州の生産性が高い。いずれも

図表1-9　産出額上位市町村の生産性　平均の約6倍

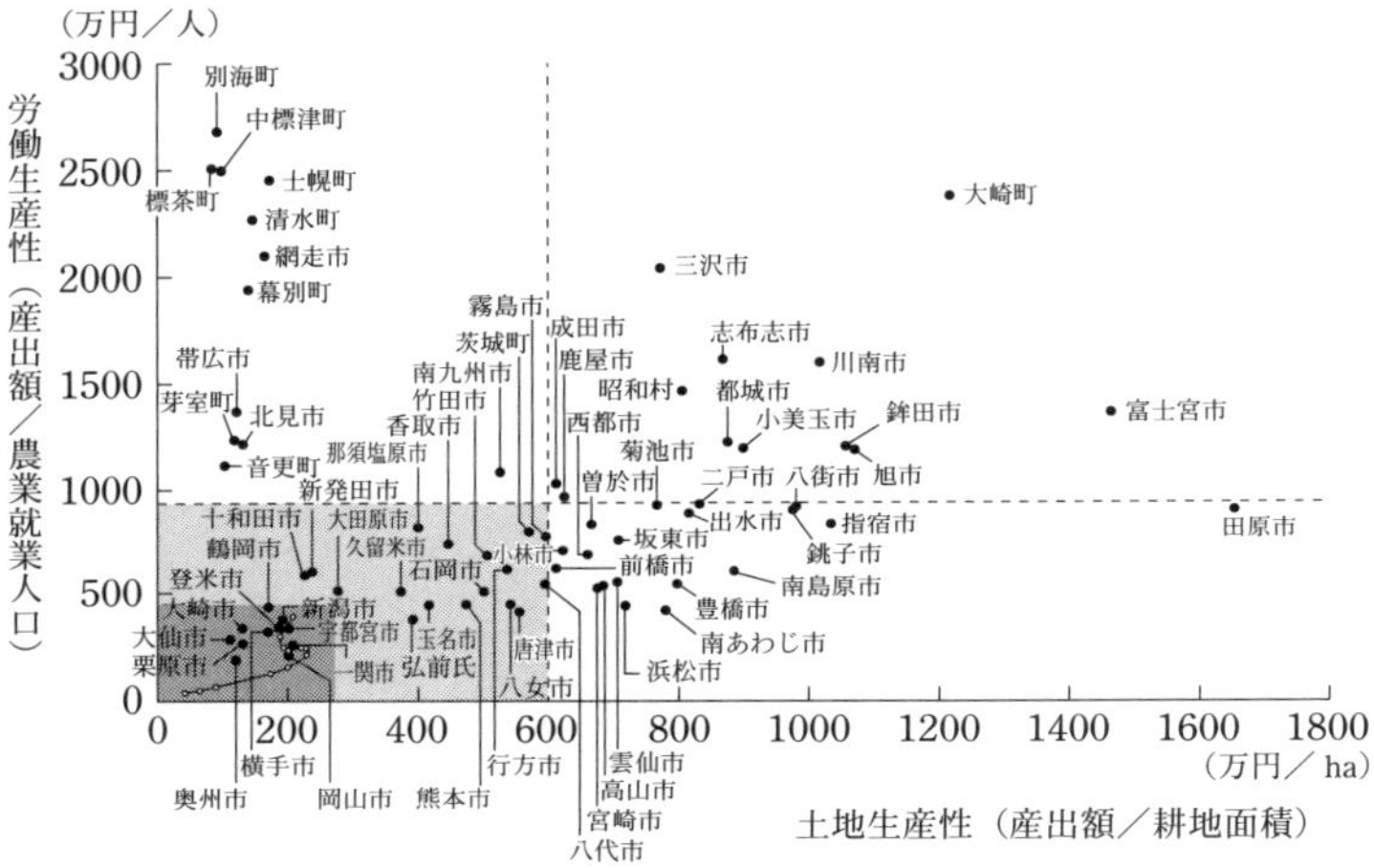

出所：農林業センサス、耕地および作付面積統計、生産農業所得統計

稲作から脱却し、畜産や野菜を主力商品としている諸県である。

これに対し、生産性の低いグループには、福井、滋賀、島根、石川、富山、新潟、秋田、宮城など日本海側や東北の稲作を主とする県がある。高いグループと低いグループの格差は3〜4倍と開いている。

図表1−9は、それをさらに市町村別でみたものである。全国平均の5倍といった市町村もある。

労働生産性では、別海、標茶、中標津、士幌など酪農を中心とした地帯が平均値の6倍の生産性を上げている。北海道は、酪農や畑作を中心とした農業だが、おしなべて高い労働生産性の割に土地生産性は低い。北海道には農地資源が豊富にあり、農地を有効に使うといったことからは遠い農業を行っているためである。

北海道を除けば、労働生産性の高い市町村は土地生産性も高く、両者の相関は比較的高い。例えば、鹿児島県大崎町、志布志市、宮崎県川南町などの九州の市町村は、労働生産性で平均の4～5倍あげている。

青森県三沢市、群馬県昭和村、静岡県富士宮市、宮崎県都城市、茨城県鉾田市、小美玉市、千葉県旭市などは、全国平均の3倍弱と高い労働生産性をあげている。

土地生産性は、愛知県田原市が平均の8・4倍と最も高い。田原市の労働生産性は2倍とそう高いものではないが、労働生産性の高い市町村は、おしなべて4倍以上7倍と高い土地生産性を上げている。ちなみに農業産出額が高いのは、田原市で次いで鉾田市、都城市と続いている。

高い生産性に寄与しているのは畜産と野菜である。畜産の産出額が7割を超えるのが、都城市、志布志市、大崎町、富士宮市、7割とはいかないが、畜産の比率が6割と野菜より高いのが川南町、小美玉市である。畜産が5割台で野菜とバランスが取れているのが旭市、三沢市である。

他方、野菜の比率の方が5割と高いのが、鉾田市と群馬県昭和村で、田原市は、野菜、花卉、畜産が3分の1ずつとバランスが取れている。

畜産でも、肥育牛、養豚、養鶏がみられるのが都城市で、志布志市は肥育牛と養豚、大崎町と富士宮市は養鶏といった特徴がある。野菜は地域によって特徴があるが、概してレタスなどの葉ものや大根や長芋などの根菜類など、露地物が多い。ちなみにこうした市町村のコメ比率は1％

図表1-10　経営規模別の生産性

（2015年）	労働力数シェア	販売額シェア	生産性
小規模農家(1千万円未満)	72.64	25.38	0.35
中規模農家（1千万～5千万円未満）	19.91	32.02	1.61
大規模農家（5千万円以上）	7.45	42.60	5.72
全農家	100	100	1.00

出所：農林業センサス、生産農業所得統計

前後と非常に低い。

生産性は経営レベルになるともっと大きな格差が生じる。図表1－10は、大・中・小の規模ごとに農家の生産性をみたものである。大・中・小は、販売額で分けており、「小規模農家＝販売額1千万円未満」「中規模農家＝1千万～5千万円未満」「大規模農家＝5千万円以上」としている。生産性は、「販売額シェア」と「農業労働力数シェア」で見当づけている。

小規模農家の生産性は平均値の0・35倍と平均以下なのに対し、中規模農家の生産性は1・61倍、「大規模農家」が5・72倍となっている。

（その際の計算根拠について留意すべきことを書いておこう。販売規模別労働力数は、「15年センサス」の農産物販売金額規模別統計の農業労働力を取っている。農業労働力には、経営者・役員等の農業経営従事状況と雇用労働の人数を合算して用いている。ただこの計算だと、大規模層の生産性が高く見積もられることになる。もし、経営者・役員等の農業経営従事を、60日以上の従事者数や150日以上の従事者数で取れば、もっと大規模層の労働力数シェアが高くなり、生産性が下がる可能性がある。また雇用労力も人日でカウントすると、大規模層の雇用が多くなり、やはり大規模農家の生産性が下がる可能性がある。）

大規模農家は生産性の高い経営を行っており、生産性の高い地域には大規模農家が多数存在している。高い地域の高い生産性は、高い生産性をもった大規模経営の存在によって実現しているということだ。

大規模農家が生産性を上げている理由をみると、まず第一に規模を拡大しながら事業を拡大しており、第二により付加価値の高い作物の導入や農産物加工の導入がなされ、さらに第三には、今までと異なった経営システムへの転換を行っていることがある。これらのことは第3章以下で詳しく述べるが、これができる農家が生産性を伸ばしており、そうした経営者の比率の高い地域の生産性が高くなっている。

県レベルでは平均の2倍弱の県があり、市町村では5～6倍の市町村があった。経営レベルでは、中規模農家ですでに1・6倍の生産性をもっており、大規模農家で5・7倍の生産性をもっていた。その大規模農家によって生産される産出額が後述するように3割強（2010年）から2030年には7割に拡大する（62頁参照）。

こうしたことを考え合わせると、わが国の生産性を平均で2～3倍にするのは決して不可能なことではないと私は考えている。

農業所得を2倍から3倍にするのも不可能なことではない

私は農業所得も2倍から3倍にするのは不可能なことではないとみている。だが、現実には、日本の農業所得はEUと比べても低い。

図表1－11は、成熟先進国型農業でもフランス、ドイツ、オランダにしぼって、日本の農業と比較したものである。この図表でまずもって注目したいのが1戸当たりの平均産出額である。フランス13・4万ユーロ、ドイツ17・8万ユーロ、オランダ41・5万ユーロに対し、日本が1戸約5・3万ドルである。

通貨がユーロとドルと違うので厳密な比較は困難なものの、日本の農家はEUの1割強から4割弱の平均産出額しかない。農業生産性も農業所得もほぼ1戸当たり産出額に準ずると考えられることから、日本農業の1戸当たり所得や生産性も非常に低いことがうかがい知れる。

わが国の1農家当たりの産出額や農業所得が低いのは、結論からいえば、農家戸数が多いことにある。とりわけ小規模農家が多いことが影響している。

その動向を図表1－11で概観してみよう。まず経営（農家）数である。

EUの統計からは2016年しか取れないが、その時点でも農家数は、フランス45・7万戸、ドイツ27・6万戸、オランダ5・67万戸である。日本の138万戸がいかに多いかがわかろう。フランスやドイツの3倍から5倍の農家数である。

図表1-11　成熟先進国との農業構造の比較

2016	フランス		ドイツ		オランダ		日本2015		
①基礎データ									
経営数（A）	45.7万経営		27.6万		5.67万		138万		
産出額（B）	613億ユーロ		492億ユーロ		231億ユーロ		727億ドル		
1戸当たり産出額(B/A)	13.4万ユーロ		17.8万ユーロ		41.5万ユーロ		5.3万ドル		
農地面積（C）	2,781万ha		1,672万ha		180万ha		449.6万ha		
1戸面積（C/A）	61ha		60ha		32ha		3.25ha		
②販売階層ごとの販売シェア									
	経営数（%）	販売額シェア（%）	経営数（%）	販売額シェア（%）	経営数（%）	販売額シェア（%）		経営数（%）	販売額シェア（%）
10万ユーロ未満	59	13	61	11	35	3	1千万円未満	91	26
10万～50万ユーロ未満	37	60	31	41	42	29	1千万～5千万円未満	8	33
50万ユーロ以上	4	26	7	48	23	68	5千万円以上	1	40
Total	100	100	100	100	100	100		100	100

出所：EUROSTAT、農林業センサス

考えてみれば、わが国の農家数はあまりにも多いのだ。農協組合員数1千万戸、正組合員数450万戸、農家数260万戸といわれており、そのうち実際に農業活動をしている農業経営体が138万戸（2015年）ということである。

さらに小規模農家の多さは、図表1－11の下段の規模別農家数でみて取れる。

農家を販売額で大・中・小に分けたものをEU統計でみてみた。先の大・中・小の区分と同じだが、円とユーロと貨幣が違うのでみにくいかもしれないが、それでも気づくのは、わが国の小規模農家（1千万円未満、10万ユーロ未満）の比率の高さである。フランス59％、ドイツ61％、オランダ35％に対してわが国のそれは91％を占めている。わが国の小規模農家の比率は、フランス、ドイツの1・5倍、オランダの3倍と高い。比率だけでなく、実際に小規模農家の数も多い。その小規模農家の中には販売額ゼロの販売農家という、常識では考えられない定義の農家が全体の1割、約13万戸も存在している。

つまり、わが国の農家の多さは、小規模農家がとび抜けて多い（91％）ということでもある。それが1戸当たりの産出額の低さと所得の低下に結びついている。

小規模農家が多いのは、兼業農家維持農政など、そこに焦点を当てた農政、保護農政が行われてきたからである。価格維持や海外産からの隔離といった小農保護が政策の中心となり、農家の定義も兼業農家維持や保護農政に都合の良いように作られてきたことがこうした状況を生んでいる。

農業所得は2010年からの7年間で1・8倍になった

成長農政とは、「農業所得や農業産出額の増加をめざす農政」である。農業所得の増大をいわない農政は成長農政とはいわない。今わが国の農業に求められているのは、生産性と農業所得を伸ばし、停滞から脱却することであろう。結論からいえば、生産性と同様に農業所得を2～3倍にするのも決して不可能なことではない。

成長農政をめざすとした自民党は、2013年に「農業・農村所得倍増目標10カ年戦略」を攻めの農林水産業として打ち出した（自由民主党J－ファイル2013 総合政策集2013年6月20日）。

「10ヵ年戦略」のいう所得がどういった所得を指すのか判然としないところがあったが、保護農政から成長農政への変化を印象づけるには非常にわかりやすいスローガンだった。

しかし、農業産出額や農業所得は、「失われた20年」で急激に減少したのではなかったのか？ましてや倍増など本当に可能なのかと誰もが思ったことだろう。荒唐無稽と断じる識者もいた。しかし農業所得の倍増というスローガンは、誰も信じていなくても、農業界では誰も異を唱えることができないスローガンでもあった。

ポイントは、農業所得が何を指しているかである。

多くの人は、この所得を農家の農業所得、つまり1戸当たりの農業所得と理解していた。私もそれでいいのだと思う。本書の、農業所得も2～3倍にするのも不可能なことではない、といういい方も、正確には農家の農業所得、あるいは1戸当たり農業所得といった方が適切であろう。

「失われた20年」で農業産出額や農業所得が減少したという場合のそれは、わが国全体としてのものだ。それに対してこの所得は、農業産出額や農業GDPの対農家戸数比である。産出額が減っても、それ以上に農家戸数が減れば、1戸当たり産出額やこの所得は増加することになる。一般的には農家戸数が減っても、構造改革や生産性の向上がみられ産出額は増加する。失われた20

図表1-12　1戸当たり生産農業所得の伸び

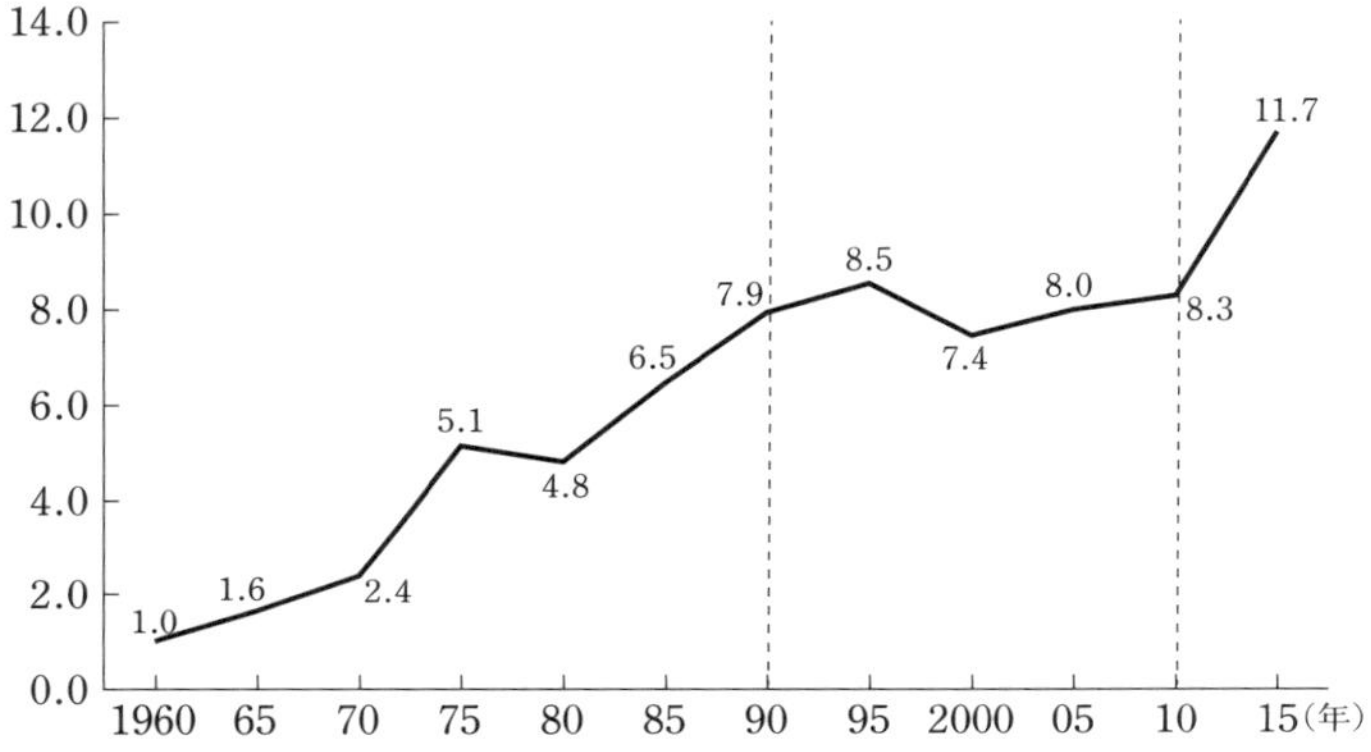

出所：農林業センサス、生産農業所得統計

年ではそれがそうとはならずに逆にあり得ないことがおきていたということである。

一戸当たり農業所得がどのように推移してきたのかをみてみたのが図表1－12である。

図表1－12は、１９６０年の農業所得を１として示した図である。

農業所得には、農業ＧＤＰではなく、農林統計が提供している生産農業所得を用いている。物価水準など配慮しなければならないこともあるが、農業所得の伸びは普通名目所得の伸びをいうこともあり、名目所得だけをみた。

図表1－12では、55年間で農業所得は11・７倍となっている。

年代を区切ってみてみると、１９６０～70年の10年間で約２倍、80年までの20年間で約５倍、さらに90年までの30年間で約８倍になっている。

だが、「農業の失われた20年」になると90～2010年の20年間で1・05倍とまったく伸びていない。90年の7・9倍が2010年に8・3倍になっただけである。もっと細かくみると、90年7・9倍、95年8・5倍、2000年7・4倍、05年8・0倍、10年8・3倍である。

ところが「失われた20年」が終わった2010～15年になると、わずか5年間で1・4倍の伸びとなり、17年までの7年間で1・8倍になっている。

このトレンドでいけば、2020年には2・5倍になるのも十分に可能性のあることとみてよいのではないか（10年で産出額483・6万円、所得169・1万円が、17年産出額737・2万円、所得299・0万円となっており、7年間で産出額1・5倍、所得1・8倍となっている。ただし、17年の農家数は農業構造動態調査から取っている）。

これだけでも、農業所得倍増は可能なようにみえ、わが国の農業所得は2～3倍にすることができるといってよいのではないだろうか。

はたして今後もこの通り推移するかはわからないが、2012年を基準とする自民党の「農業・農村所得倍増目標10カ年戦略」は十分に可能性のあるものといえよう。

4 停滞から成長へ、２０３０年には大規模農家の時代がやってくる

２０３０年には、農家戸数は40万戸、農業就業人口は53・8万人になる

農業生産性も、1戸当たり農業所得も本書では2倍から3倍にできるとしたが、実は両者は農業ＧＤＰ（生産農業所得）を、就業人口で除するか農家戸数で除するかの違いで、経済学的には同じ概念であり、同じ傾向を示すのは当然のことである。

整理すると、農業の所得や生産性の向上は、①農家が減少し、②農業産出額（農業ＧＤＰ）が増加することで実現可能となる。①と②のバランスによるものの、①だけでも起こり得るし、②だけでも起こり得る。

失われた20年には、産出額の大幅な減少にもかかわらず、1戸当たり農業所得が横這いになったのは、農家の減少が大きく関係している。だが、農家が減れば1戸当たり農業所得が増加する、というのではいかにも寂しい。農家の自然減はこれからも続くと考えられるが、わが国の農業を本格的な成長軌道に乗せるには、やはり産出額の増加を図るのが本道といえよう。

それはすべての農家が生産性向上に前向きに取り組み、事業拡大に意欲をみせる農業構造にしていくことである。はたして今後わが国の農業構造がそうしたものになるのか、２０３０年を目

図表1-13　2030年の農業経営体数は最悪のケースで40万戸に

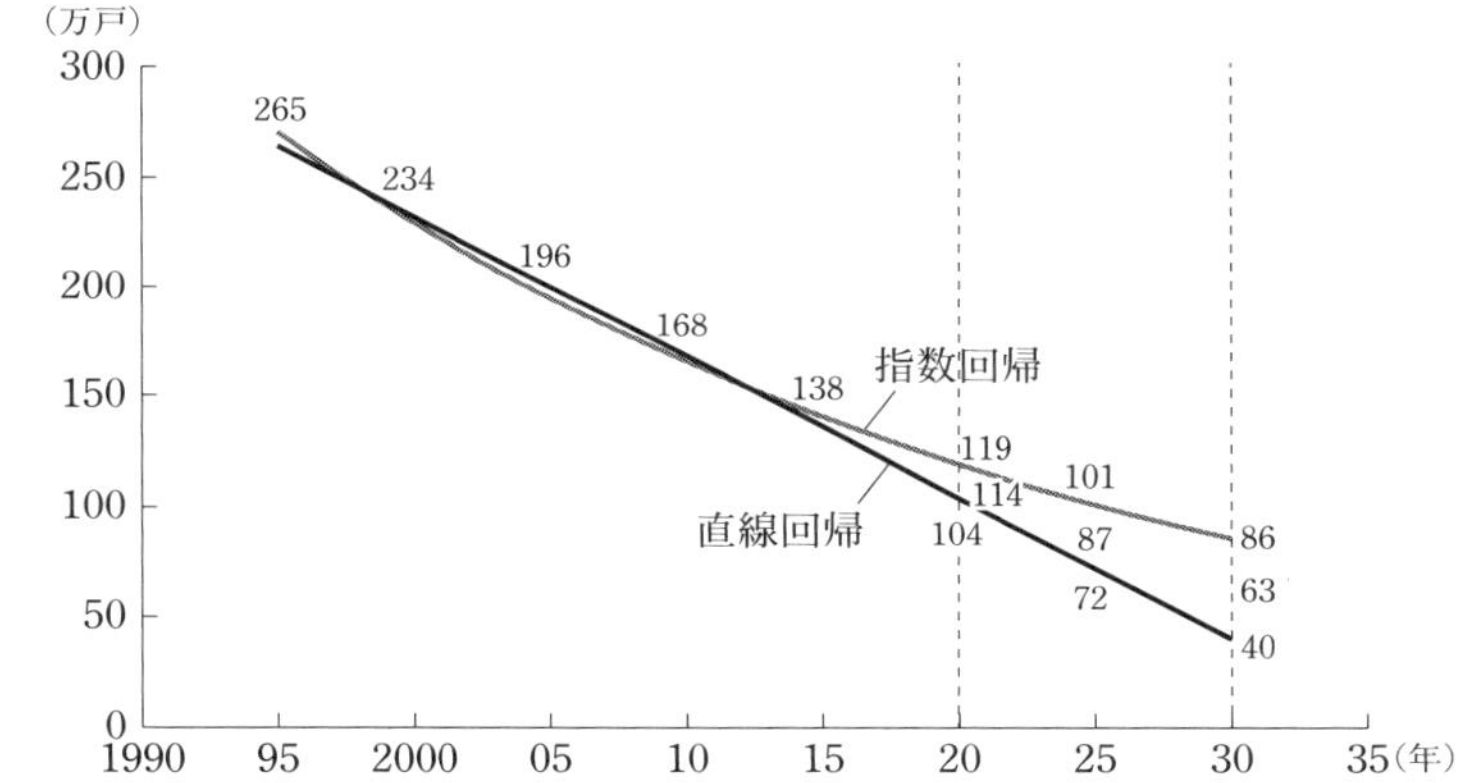

出所：農林業センサス

標に、これからを概観してみた。

使用した統計は、農林業センサスである。２０２０年センサスが使えるようになるのは２０２１年なので、本書を書いている時点では手に入らないこともあり、本書では１９９５年から２０１５年までのセンサスデータを使用している。したがって２０２０年を予測値として出しているが、読者は２０２１年以降になれば、検証が可能になる。以下シミュレーションの結果を示そう。

第一の予測は、２０３０年には農家戸数は40万戸に（図表１－13）、農業就業人口は53・８万人になるということである（図表１－14）。

農家戸数の減少は、年平均６・４万戸で進んでおり、このトレンド（回帰係数は▲６・４となっている）が今後も続くとすると、２０１０年の１６８万

図表1-14　農業就業人口は年10万人減で、2030年には54万人に

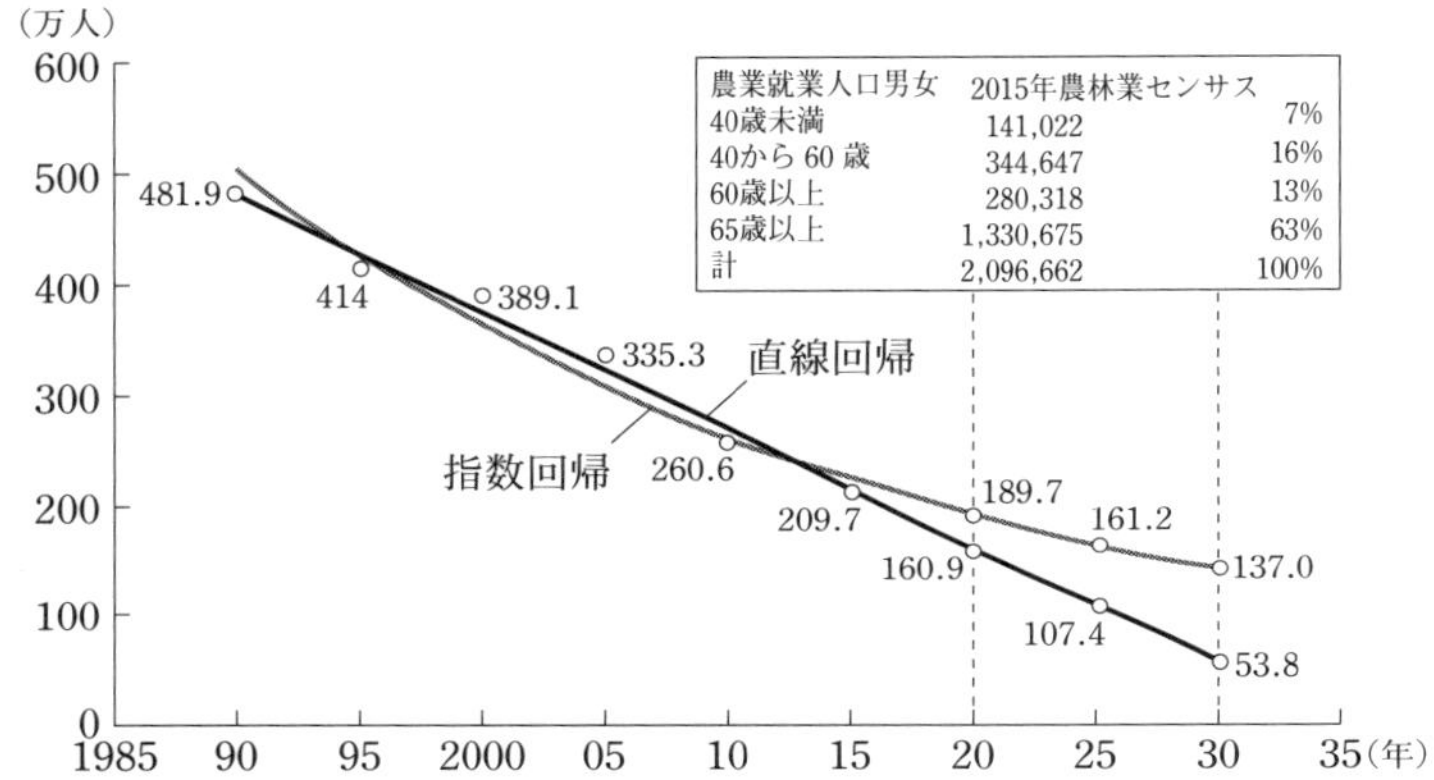

出所：農林業センサス

戸は、20年１０４万戸に、そして30年40万戸となる。

他方、農業就業人口は、年10・７万人の減少が続いている。２０１０年の２６０・６万人は、20年には１６０・９万人になり、30年には53・８万人になる。

これらの数値は、１９９５～２０１５年のトレンドをベースに、統計的に最も生じる可能性の高い数値を挙げたものである。この減少は、今に始まったことではなく、今までもこのペースで減ってきたということである。過去20年間のデータからみると、統計的には直線の当てはまりが高くなっている。さらに現状での農業就業人口の変化や彼らの高齢化率、新規就農者の比率などからみて、直線に近い推移になる確率が非常に高いと考えている。

その上で今後もこのような傾向が続くならば、

２０３０年には農家戸数40万戸、農業就業人口は53・8万人になるということである。

小規模・稲作農家が減少し、大規模農家が増加する

本書では農家を販売額で大・中・小に分けている。「小規模農家＝販売額１千万円未満」、「中規模農家＝１千万〜５千万円未満」、「大規模農家＝５千万円以上」のカテゴリーである。農家戸数の増減は規模によって違っている。

第二の予測は、一口に農家数が激減するといっても、減少のほとんどは小規模・稲作農家であり、逆に中規模農家のなかでも３千万円以上の中規模農家や大規模農家は今後も増えていくということである。

これまでの農家の減少を、もう少し詳しくみると、減少したのは、小規模な稲作農家で、いわゆる保護農政の対象となっていた農家である。この性質をもった農家が今後も同じように減少すれば、稲作農家は２０１０年の１割、小規模農家は２割に減ってしまう。

１９９５〜２０１５年の間、稲作農家は、年平均５・３万戸（回帰係数は▲５・４）で減少している。全農家の減少は年６・４万戸（回帰係数は▲６・４）だったことを考えると減少の83・5％は稲作農家の減少ということになる。この傾向が今後も続けば、稲作農家は、２０１０年の

図表1-15　2030年、稲作農家は10万戸、最大でも54万戸に

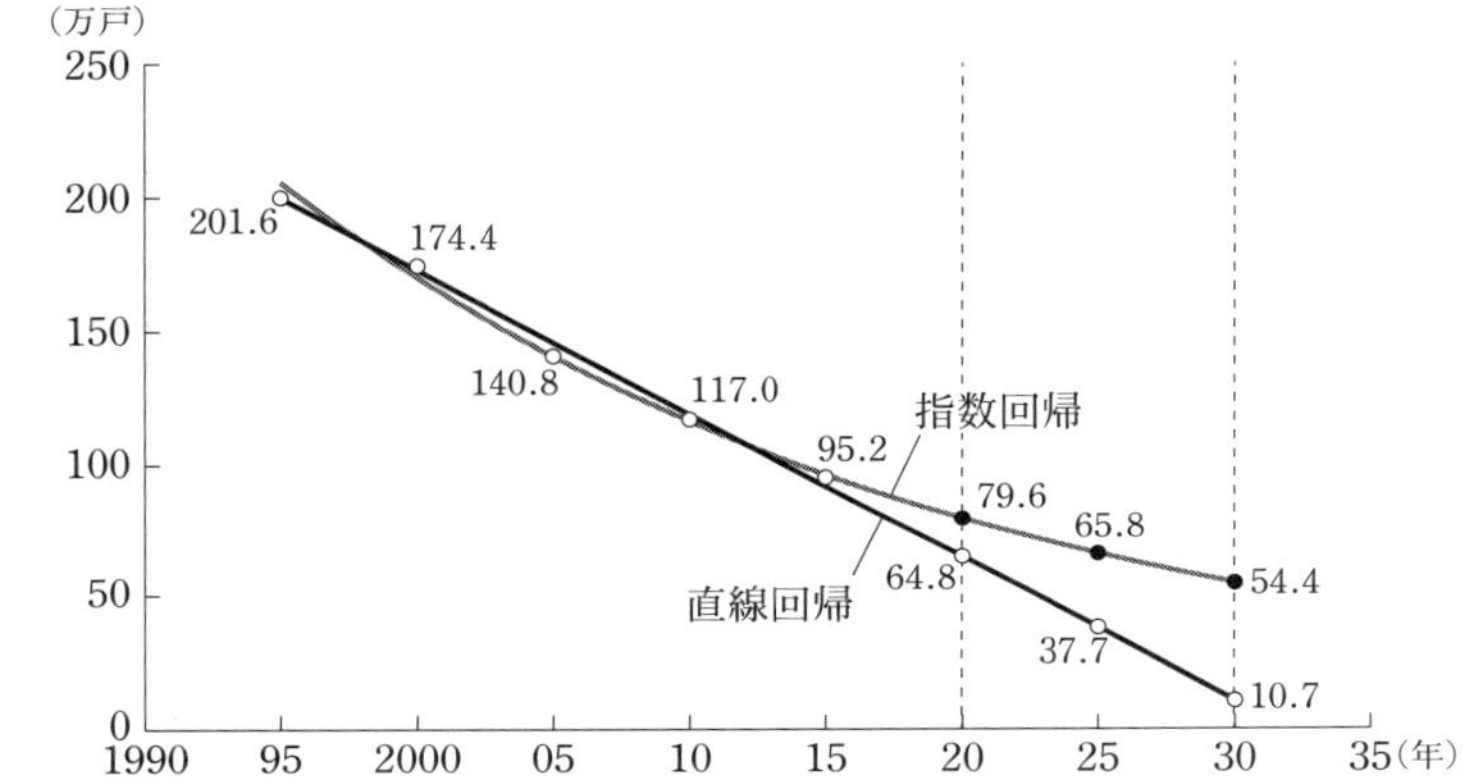

出所：農林業センサス

１１７万戸が、20年に64・8万戸に、30年には10・7万戸と、単純計算で実に10戸中9戸がやめていく計算となる（図表１－15）。

また小規模農家は、年平均6・4万戸（回帰係数は▲6・36）で減少しているので、減少のほぼすべて（99％）は小規模農家の減少ということになる。ちなみに小規模農家とは1千万円未満の販売額の農家を指している。

小規模農家は、２０１０年の１５５万戸が、20年には92万戸、30年には30万戸強に減っていくと予想される。

図表１－16は、２０１０年から10年おきの大・中・小農家の構成比率を示したものである。

小規模・稲作農家が減少するのに対し、中規模農家は２０１０年11・8万戸、20年9・7万戸、30年7・5万戸と減るには減るが減少幅はそう大きくはない。中でも3千万～5千万円クラスの中規模農家

図表1-16　農業構造の推移　大規模農家数・比率の高まり

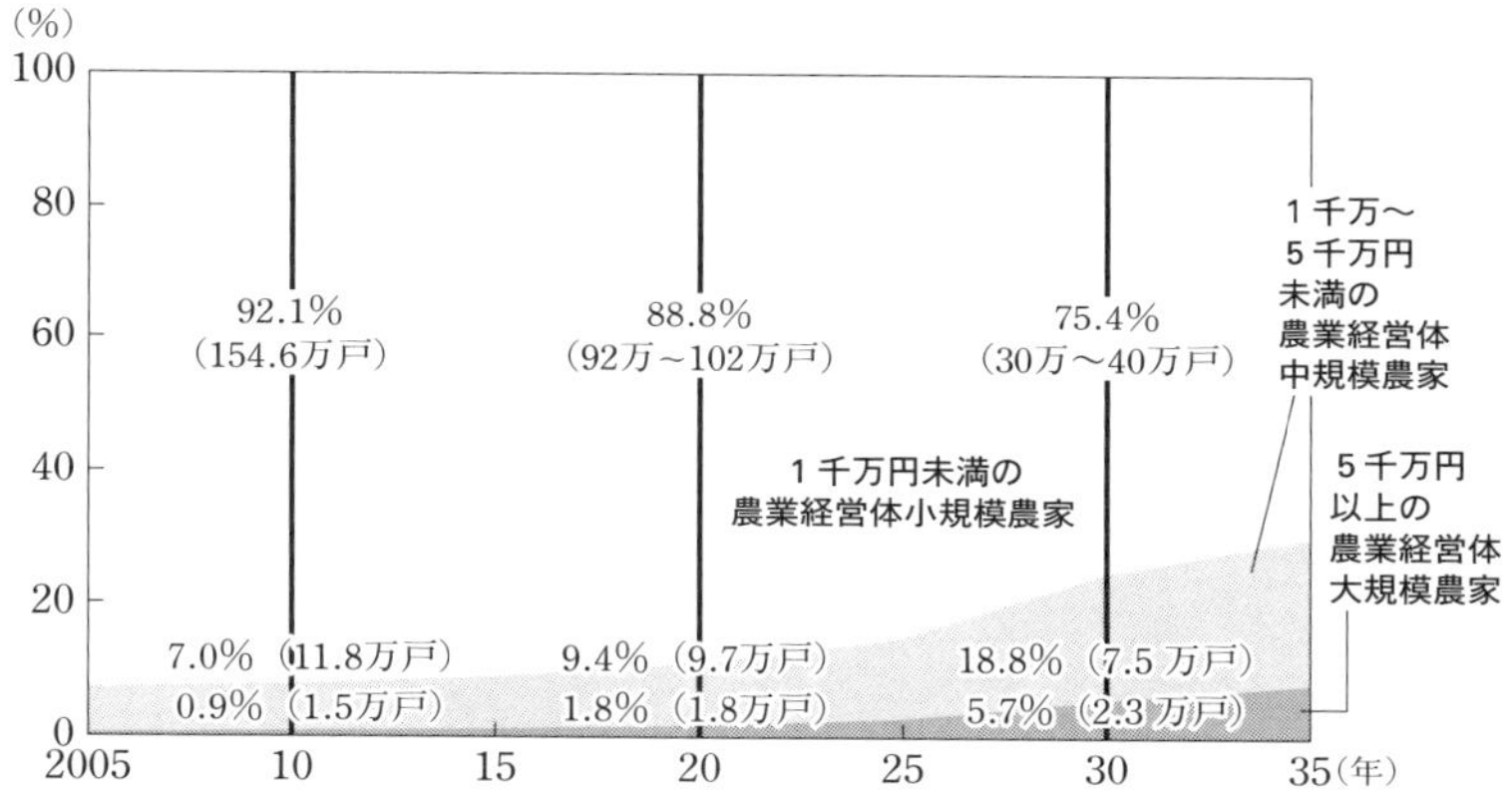

出所：農林業センサス

は逆に増加する。大規模農家(経営体)も2010年1・5万戸、20年1・8万戸、30年2・3万戸と増加しその存在感を高めるようになる。農家数の増減の境目は、中規模農家の販売額3千万円のところにある。

ただ何事にも不確定要素はあるもので、留意しておきたいのは、次の二点である。

第一に、傾向値は、農業の失われた20年のデータが基準となっていることである。農政の基調が変わり農業の方向が転換した現在、それまでの傾向値が当てはまらなくなる可能性にも配慮しておく必要があるだろう。

第二は、母数となる数値が減ってくると、減少数も減る傾向にあるということだ。そうなると農家減少数も減り、2020年と30年の農家戸数や農業就業人口は予測より若干多くなる可能性がある。

そうしたことを踏まえ、図表には指数回帰も示しておいた。農家数の推移をみれば、2020年には直線回帰の104万戸に対し119万戸、2030年の40万戸に対して86万戸といった数値が出てくる（図表1－13）。現実の推移は、この間になることを十分に考えておいてよい。

現に農業構造動態調査では、2018年～19年から減少数が年間6・4万戸ではなく、3万から4万戸へと低下し始めた。母数としての農家数、特に離農の母集団であった50万円未満の農家（販売額ゼロの農家も含む）の絶対数が減少しているのが影響していると思われる。

この層の農家数は、2000年代に入っても常に60万から90万戸近くあり、全体で約6・4万戸の減少の母集団となっていた。それがこの2～3年で40万戸を割ってきた。経験値からすると、この層の1割が離農しており、そのことが6万から9万戸といった農家の減少数に結びついていたが、それが40万戸を割ってきたということは、離農数が年間4万戸程度に減少していく可能性を示している。

これまでは、たとえ離農によってこの層の数が減少しても、その上の層から50万円未満層へ転じる農家も多く、たえず60万戸ほどにはなっていた。それがこの5年ほどはそうなっていない。こうした状況を考えてみると、50万円未満層が急速に減った分、今後の離農のスピードは鈍くなっていく可能性も出てきている。

このような不確定要素を考え、小規模農家の減少に幅をもたせると、小規模農家数は20年92万～102万戸、30年には30万～40万戸となる。

それにともなう農家数は、20年104万～114万戸、30年40～50万戸と若干上振れする。いずれにしても読者は2020年センサスが使えるようになる2021年には2020年の数字を知ることになる。104万戸に近い数字であれば、今まで通りの減少傾向にあり、114万戸に近い数字であれば、若干ブレーキがかかったということである。ブレーキがかかれば、その際には、本書であげた二つの理由の他に何があるのか分析が必要になる。

2030年には、農業産出額の7割強を大規模農家が担う

ただ、本書で重視しているのは、将来の農家戸数の予測ではなく、そのことによる農業構造の変化である。小規模・稲作農家が2010年の1から2割まで減少するということは従来の保護農政の対象者がいなくなっていくということであり、中規模でも3千万円以上の中規模や、大規模農家が増加していく構造の変化は、経営者を中心とした農政にシフトしていかなければならないことを示している。そうした構造変化を示したのが第三の予測である。

第三の予測は、2030年には、大規模農家の産出額がわが国全体の7割強に達し、1戸当たりの平均産出額は4億円近くになるというものである。

大・中・小規模農家の今後の産出額をシミュレーションしてみたのが、図表1－17である。

図表1-17　農業構造の推移　大規模農家の産出額シェアの拡大

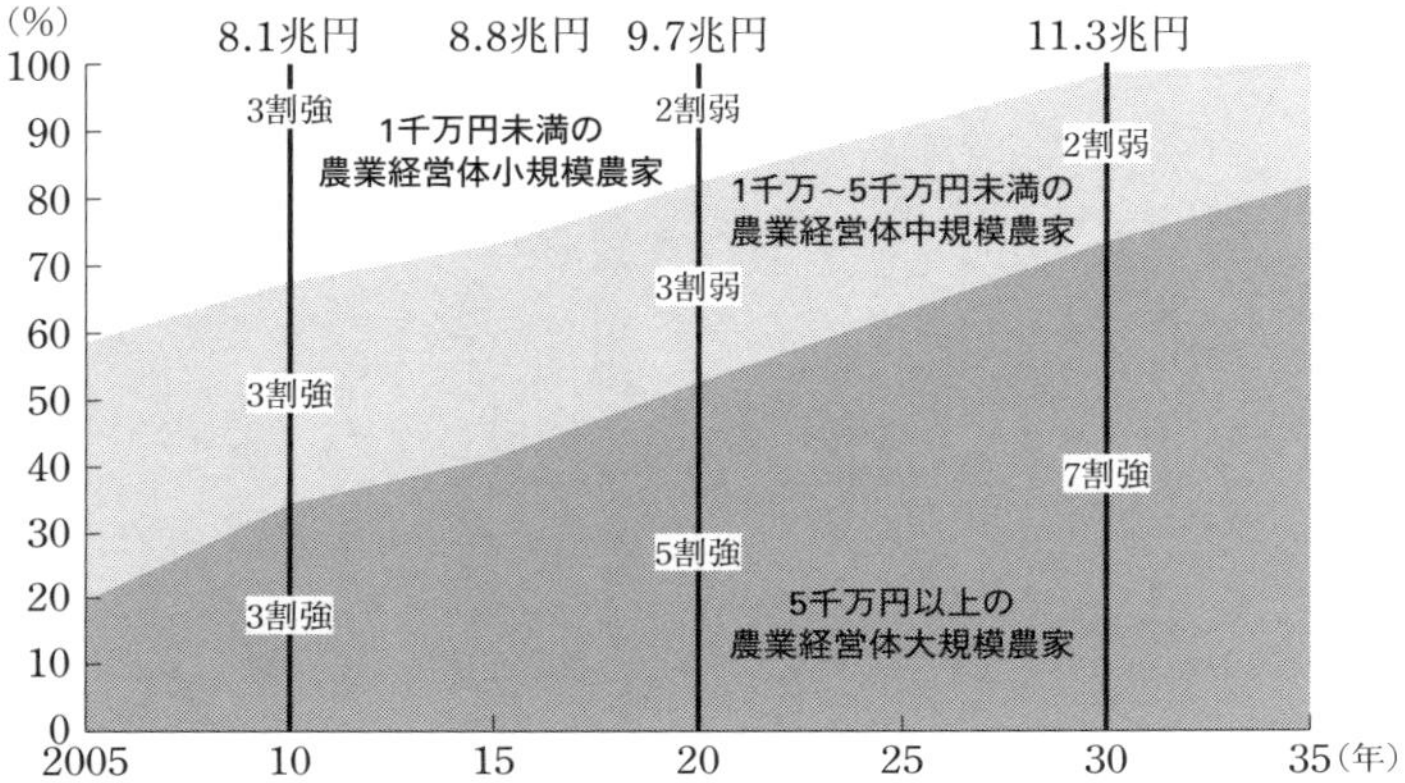

出所：農林業センサス、生産農業所得統計

農家数、とりわけ小規模・稲作農家の減少は今後も続きそうである。農業就業人口も減っていくだろう。そうしたなかで販売額を伸ばす小規模農家も出てくるだろうが、産出額比率は、２０１０年３割強だったのが、２０２０年には2割弱に、２０３０年には１・５％とほとんどゼロに近い数字になっていく。

他方、中規模農家の産出額は今後もわが国農業の3割前後で推移していく。大規模農家の産出額は急速に増え、２０１０年に3割強だったのが、20年には5割、30年には7割（35％→55％→75％）と増加する。

こうした構造の変化によって、日本農業の中で、大規模農家の役割や存在意義がますます大きくなっていく。

そのことをベースとして、次のような農業の成長産業化への計算が可能になる（図表１－18）。

図表1-18　農業産出額、生産農業所得、大規模農家1戸当たり産出額の予測

	全国（兆円）		大規模農家1戸当たり産出額（億円）
	農業産出額	農業所得	
2010年	8.1	2.8	1.93
2020年	9.7	4.1	2.96
2030年	11.3	5.5	3.96

出所：農業センサス、生産農業所得統計

「失われた20年」が終わった２０１０年から17年までのデータで回帰分析を行うと、２０３０年の産出額は11・3兆円、生産農業所得は5・5兆円となる。20年間でそれぞれ1・4倍、2倍の増加となる（２０１０年（8・1、2・8）兆円、20年（9・7、4・1）兆円、30年（11・3、5・5）兆円）。

こうしたなかで、大規模農家1戸当たりの産出額は、20年間で2・1倍になると予測できる（２０１０年1・92億円、20年2・96億円、30年3・96億円）。

農家戸数が減少するなかで、産出額や生産農業所得を向上させるには、大規模農家・中規模農家に期待するところが大きくなるが、とりわけ大規模農家への期待は大きくならざるを得ない。大規模農家は毎年1戸当たり1千万円（10年で1億円）程度の産出額向上をはたしてきたが、今後もその程度の向上によって２０３０年には平均3・96億円が期待されている。

こうしてみると、わが国の今後の農業構造は明確であろう。みえてくる今後の変化は次の二つである。

一つは、小規模・稲作農家の減少が著しく、それによって稲作の構造改革や保護農政の転換に拍車がかかることが考えられ、農村では農家はますます少数派になり、比較的裕福な「元農家」が農村居住者として増えていくということである。

二つは、農業の産出額向上に大規模農家の関与が大きくなることである。日本農業の将来の帰趨を決めるのは、２０３０年時点で総産出額の４分の３を担うとみられる大規模農家の動向になっていくということである。この大規模農家は、農業経営者のことであり、今後農業経営者の増加や農業経営の事業拡大しやすい環境が必要になってくる。

小規模農家が減るとどうなるか？
もともと比較的裕福な安定的農村居住者

まず一番目に、小規模・稲作農家の減少である。２０１０年に70％近くあったわが国の稲作農家の比率は、20年には62％、30年には27％まで減っていくことになる。このことから今後10年間で、稲作の大変革が起きることが容易に想像できる。これからは、小規模な稲作農家に代わって、大規模な稲作経営が全国至るところに出現してくるに違いない。すでにその傾向は２０１０年以降目にみえるものとなっており、今後それに拍車がかかってくるということだ。

そうなれば、保護農政の対象となっていた農家は減ることになり、米価維持を主要な手段とした稲作偏重農政あるいは保護農政も変わらざるを得なくなる。稲作を保護しながら兼業農家を維持するために小規模・稲作農家を保護し、まがりなりにも農家数を維持しようとしてきたのが保護農政である。

農家の9割が稲作農家だった時代には、保護農政にも意義があったかもしれないが、その比率が27％、全体の4分の1強まで低下すれば、農政全体の中での相対的意義は低下する。まさに成長農政下で、保護農政の対象者が少なくなり、あらためて農政の有り様が問われる状況になってくる。特に成長農政へ転換した後でも続いているコメ政策の有り様が問われることになる。

その小規模農家の今後はどうなるのだろうか？

小規模・稲作農家の減少を農業の危機ととらえる論者は多い。多いというよりも、もともと農水省の政策の根幹は自作農維持・小規模・稲作農家の維持にある。彼らは農水省の保護農政の対象者だっただけに、ほとんどの農業関係者はこの減少を憂い、政府による保護を求めてきた。ただ保護農政によってこの減少が食い止められ、自作農が維持されたかといえば、はなはだ疑問といわざるを得ない。保護農政はむしろ価格政策など、農業政策全般を複雑にしただけだったのではないか。

小規模・稲作農家の減少は決して農業の危機というには及ばないと私は考えている。もし危機だと感じるならば、今までの保護農政でなぜできなかったのかを考えれば良い。それは、いくら補助金で農家を農業に縛ろうとしても、当事者たちが、建前としてはともかく、本音としては兼業や離農をより豊かな道として選択したからである。

減っていく小規模農家の実態は、もともと、サラリーマンをしながら年間300万円未満の農産物販売をしている農家である。およそ、日常的には農協や町役場、あるいは地元企業に勤めながら家業として農業を行っている農家である。農産物販売額が少ないといっても、経済的に貧困になるわけではなく、サラリーマン収入を基本にした、農村にあってはむしろ裕福な部類に属する農家である。農家でなくなって農業現場からは離れるものの、農村の居住者であることに変わりはない。

販売額300万円未満というと、もし所得率を全国平均の34％に設定すると、最大で100万円の農業所得があるということになる。それがゼロになるのは、確かに厳しいものがある。だが、全国一律のこの所得率は、小規模農家には当てはまらないことが多く、もし本気で農業をしようとすると、赤字になるケースの方が多い。たとえ農業が赤字でも存続できるのは、サラリーマン収入等で補填できるからである。それが離農するのは、収益性の悪化もあるにはあるが、それ以上に、高齢化や後継者の脱農化・サラリーマン化によるところが大きい。農業から他産業への就業転換を長期間にわたって行ってきた結果であって、一般論としては日本の農村にとってミゼラブルな状況をもたらしてはいない。

小規模農家が農業をやめるということは、赤字の農業をやめて、農業が家庭菜園並みになっていくということであり、それも豊かさの延長上にあると考えてよい。もし農業へ関与する意志があれば、直売所の利用などで、なにがしかの収入は得られるスタンスをもっている。こうした豊かな元農家や小規模農家が農村に居住していることがわが国の農村の安定性には非常に大切なことと私は考えている。

その裕福な農村居住者を量的に把握すると、かつては全農家数の9割の小規模農家のうち(2015年センサス)、85%が「販売額300万円未満」で、92・2%が「500万円未満」となっていた。

他方、「小規模農家」にも「500万円から1千万円の農家」が7・8%ほど存在している。農業の成長産業化のために期待したいのは、こうした農家の中から、販売額を増加させて、中規模、大規模農家になっていく農家が出てくることである。

小規模・稲作農家の減少は、今までと同じように進んでいくと考えられるが、今後はそれが急速に進むというものでもないと考えている。むしろ成長農政下では、農業の可能性を感じる機会が多くなり、より豊かな職業の選択肢に農業があげられるようになってくると、小規模農家の中にも農業を持続していくことがある種のトレンドになっていくことも考えられる。そうなれば、減少数は今までよりも少なくなる可能性すらある。

農業を成長産業に押し上げる大規模農家の事業拡大

そしてもう一つが、「大規模農家」の関与がわが国農業にとって大きくなることである。「大規模農家がわが国の農業産出額の7割強を担う」という将来予測は、つまりわが国の農業は大規模農家を中心とした構造になるということである。

大規模農家は、2010年には農家全体の1%にも満たず、産出額も全体の3分の1程度とあまり注目される存在ではなかった。それがこの10年、つまり2020年にはわが国の産出額の半分を担うまでに影響力を拡大し、2030年には農家数6%弱で産出額の7割強を占めるようになる。2030年にはまさに大規模農家の時代が到来し、日本農業の中心を担うようになる。

その大規模農家の生産性は、2015年の時点ですでに平均の5・7倍と高いことを本書では指摘した。

わが国の農業が、大規模農家を中心とした構造になっていくとすれば、必然的に農業の生産性や所得が向上し、競争力のある農業に変貌していくことになる。逆に日本農業の生産性を向上させ、所得や産出額を伸ばすには、大規模農家の事業を拡大していくことがますます大切になってくる。その水準は2030年で、1戸当たり平均産出額で4億円になると本書では予測した。

こうしたことから今後のわが国農業の課題も明確になるのではないだろうか。

農業生産性や農業所得を向上させ、農業を成長産業に押し上げるには、大規模農家の動向、とりわけ彼らの事業拡大への取り組みが鍵になる。そこで彼らの事業拡大を促し、同時に大規模農家数を増やしていくことが今後の農業のためには重要となる。本書では事業拡大を促すのはフードバリューチェーンを視野に入れることにあると考えているがこれは次章で述べることにする。

ところで、本書では大規模農家といっている。これはたまたま統計が示す販売額を農家別に大・中・小で分けたにすぎず、農業界の常識に照らして使っているものである。

だが、この大規模農家は、農家とはいうものの、すでに経営としての実態を備えており、農業経営といった方がよい。例えば、大規模農家は、すでに販売額や営業利益で経営を考えていて、農家が使う農業所得という概念はあまり使っていない。図表1－18に大規模農家の産出額だけを出しているのも、大規模農家には農業所得概念はふさわしくないと考えているからである。

それにもかかわらず、本書で大規模農家という言葉をあえて使う理由は、農業界には農業経営者を表す定量的な概念がないからである(注)。他方、大規模農家の動向は、統計的に把握でき、数値が明確になるという長所がある。本書では「大規模農家」を「販売額5千万円以上の農家」と定義づけして使用しているが、農業経営者と同義とする本書の考えからすれば、農業経営者も「販売額5千万円以上の農家」ということになる。

この第1章で述べた内容は、わが国の農業は２０３０年には農業経営者を中心とした構造にな

(注) 農業経営の農水省の定義には、「効率的かつ安定的な農業経営」という概念があり、「主たる従事者の年間労働時間が他産業従事者と同等であり、主たる従事者一人当たりの生涯所得が他産業従事者と遜色ない水準を確保し得る生産性の高い営農を行う経営」といった定義がある。だが、主従事者の生涯賃金の統計も主たる従事者の年間労働時間のデータもない。

っていくということであり、農業経営者の時代がやってくるということである。本書ではこの後「農業経営（者）」も、「大規模農家」という言葉も使用するが、大規模農家という場合には、すべて農業経営者と読み替えていただいてかまわない。

農政には、今後農業経営者を特定する客観的な定量データを準備しておくことが必要とされよう。今のところ、認定農業者や法人といったコンセプトがあるが、制度疲労していて経営者を特定する指標としては適さなくなっている。特に法人概念は、農林統計上では家族経営の法人が除外されるなど問題が多い。

2030年には、農業就業者のニューフェースが増え、農業が変わる

農業構造の変化を、もっぱら農家戸数の動向を中心にみたが、農業就業人口も年10・7万人ずつ減少し、2030年には53・8万人に減少するとした。その農業就業人口の動向にも大きな変化がみられる。

農業への新規就農者数は減ったとはいえ、それでも年間6万人弱が新たに農業に参加している。中でも49歳未満の新規就農者は年2万人前後に達している。その49歳未満の新規就農者に焦点を絞ると、次のように第四の構造変化の予測が得られる。

予測の第四は、これから（2020年以降）新規就農するとみられる49歳未満の人は、

図表1-19　新しい農業者が増え、農業界の雰囲気が変わってくる

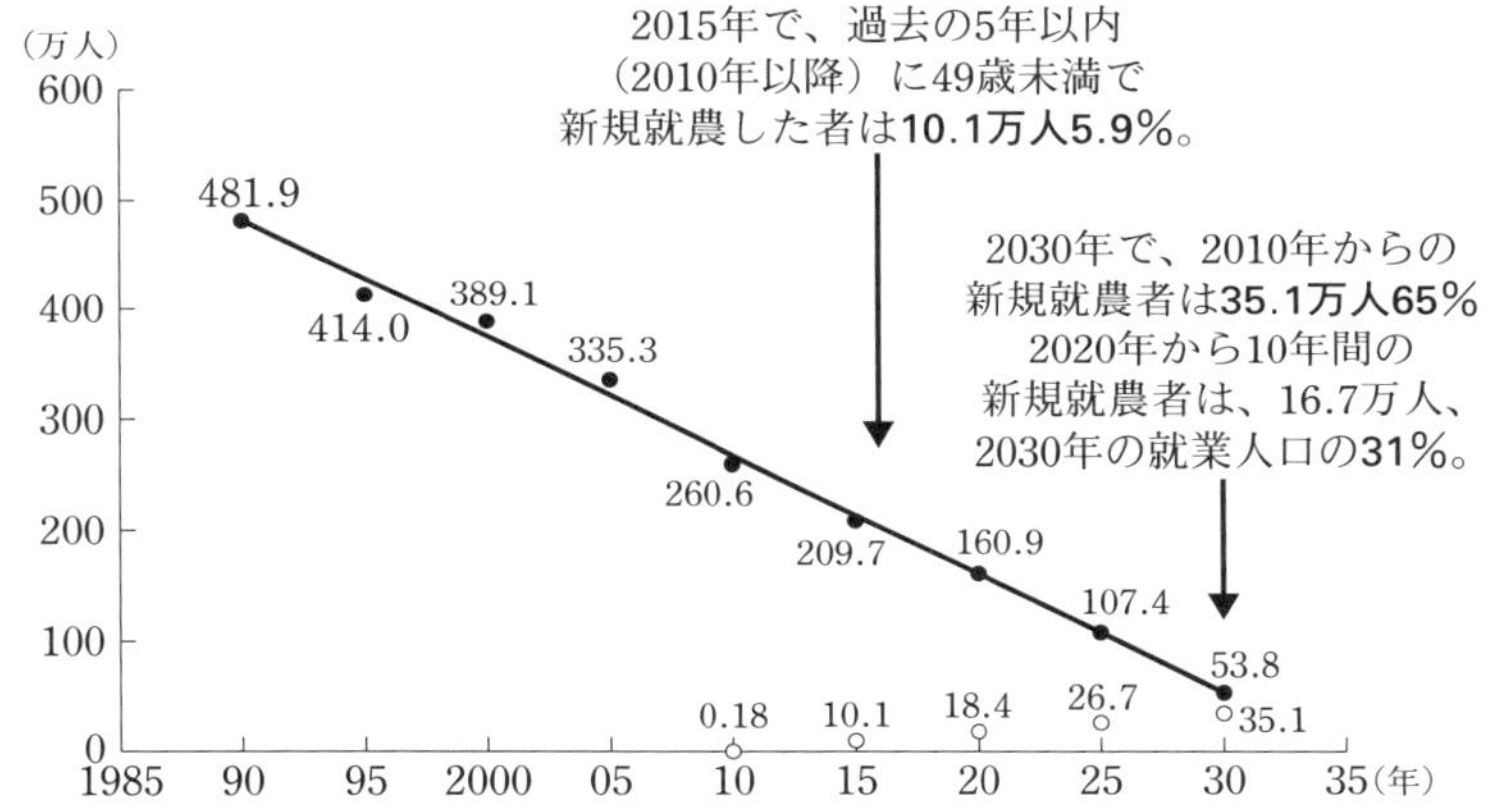

出所：農林業センサス

２０３０年には、農業就業人口の31％を占めることになる。また失われた20年が終わった２０１０年以降就農した49歳未満の人は、65％になるということである。

31％や65％が何を意味しているかといえば、農業は弱いと考える旧世代がリタイアし、農業に魅力を感じる若者が参入するということであり、農業のイメージ転換に拍車がかかるということである。

計算根拠は次のようなものである。２０３０年時点での農業就業人口は53・8万人と予測しているが、これは若干ブレが生じるだろう。それでも、シミュレーションしたデータで示せば、20年以降に新規就農した就農時点で49歳未満の者は、その後一部が離農することを考えたとしても、30年には16・7万人、全就業人口の31％は残って就農している勘定になる。その際の離農率を就業人口同様とみて年

3・3%と見積もって計算している。さらにその10年前の2010年以降に就農した者は、30年には35・1万人で65%となっている。

「農業の失われた20年」が終わりかけ、農業のイメージが変わり始めた2010年以降に就農した者が6割以上を占めるということは、これまで保護農政になじんだ考え方をする世代が農業から離れていくことを意味する。少なくとも、農業に対し魅力を感じて前向きに努力しようとする姿勢をもった人々が6割強を占めるようになると考えられるのである。

前向きに取り組もうとする人たちがいてはじめて日本農業は、新たな可能性のある農業を築き、農業所得を増加させ、成長産業へのノウハウが蓄積されることになる。農業界の雰囲気は大きく変わるし、農業の構造や農業という産業自体も大きく変わるのではないかと考えている。

第2章

農業の生産性向上・事業の拡大を促すもの

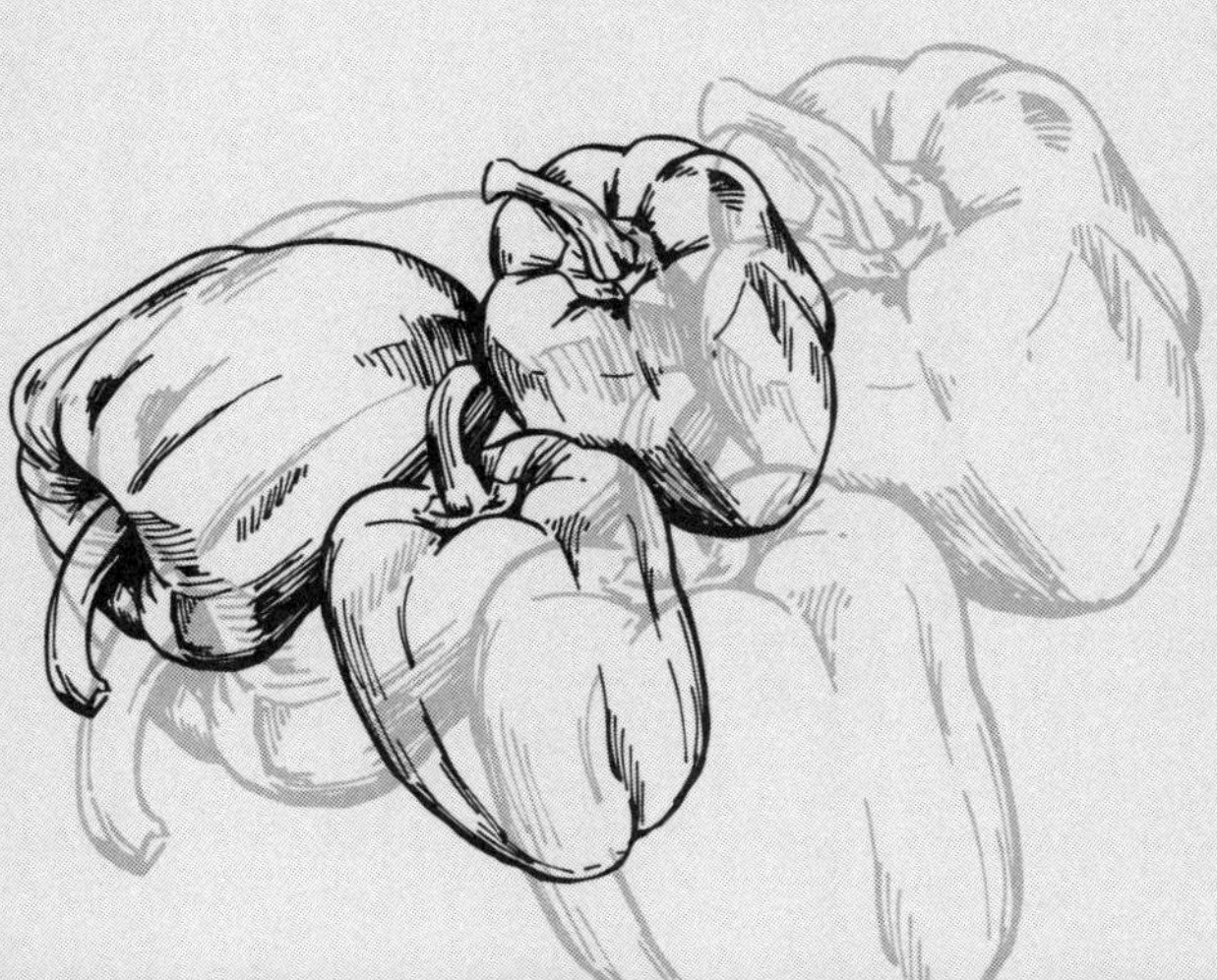

1 生産性の向上・事業の拡大を促すフードバリューチェーンの経営学

伸びる大きなマーケットへのアクセスで需要を拡大する

わが国の農業は、今後10年、生産性の向上、所得の向上をめざして、事業の拡大に取り組むことが求められている。その鍵は、大規模農家の事業拡大、産出額増加にある。ここでいう大規模農家とは、農業経営者のことである。

高い生産性をもつ経営が頭角を現し、農業を担うようになれば、わが国の農業は成長産業にさらに近づくと考えられる。そうであるとすれば、農業経営を事業拡大、生産性向上へと促すものは何なのかが問われるのではないだろうか。

近年の農業経営は、これまでの農業経営とは異なった経営システムの改革を行って生産性を高めている。そこには、一様にフードバリューチェーン全体を視野に入れた改革が関係している。それはすでにEUの農業で示したものだが、わが国でもフードバリューチェーンに関心を示し始めている事業者は多い。

農家が事業を拡大し生産性を高めるには、市場や環境変化に迅速にかつ俊敏に適応することが求められている。その際の環境が、農業生産から加工・流通・消費までも見据えたフードバリューチェーン全体のことと私は考えている。そのことによって農業者は、大きい市場や、伸びる市場など、事業拡大できる市場や環境を選び取ることができるようになる。

この章では、フードバリューチェーンへの適応をめざすとなぜ事業拡大や生産性・所得の向上がみられるのかについて述べようと思う。

そもそも企業活動は、顧客を意識しながら、製造から販売までの一連のプロセスで付加価値を増加させることで成り立っている。それを価値の連鎖としてバリューチェーンと名付けたのがマイケル・ポーターであり、チェーンはまずもって企業内部の機能のつながりとされている。このつながりは今日、一企業の範囲を超え、また産業の枠も超えて、いわば変幻自在につながって経済の成長がみられるようになっている。これをサプライチェーンという場合もあるしバリューチェーンということもある。

企業にとっては、機能や事業の取捨選択の自由度が高まり、合理的と考えれば、競合企業とさえつながりを模索をするようになっている。もともと、企業活動は、様々なステークホルダーと様々な関係をもちながら行われるものだが、バリューチェーンが深化していくと、企業の垣根も産業の境界も超えて、相互に融合することが利潤の増大につながる気配すらみせ始める。

農業もこうした産業バリューチェーンの一環にある。農業といえば通常、一次産業（農林水産業）に分類され独立した産業と考えられているが、実際の経済活動では食品産業の一環を構成しており、食品バリューチェーンの中に組み込まれている。そのバリューチェーンを本書ではフードバリューチェーンといっている。

私はかつて農業＝融合産業論を唱えたことがあるが、フードバリューチェーンの中で、様々な事業者と提携しながら、農業は単なる農産物生産に終わるのではなく、産業横断的な食品産業になり得ることを語ったものである（日本経済新聞「経済教室」２００7年8月28日付）。

もちろん、農業には綿花や養蚕などアパレル産業との関係や、観光農園など観光業との関連もみられ、食品とはいえない農業もある。だがそれはそれでまたアパレル産業のバリューチェーンや観光業のバリューチェーンに組み込まれているということであり、フードバリューチェーンと同様のことがいえる。

もはや農業は、農業生産だけに特化した、農業界にだけ存在する狭い産業ではなく、食品産業（場合によってはアパレルや観光業）の一環を構成する産業であり、フードバリューチェーンの中に組み込まれている。

フードバリューチェーン上には、資材調達、農業生産、農産物加工・製造、販売・流通、外食、サービスなど、異なった機能をもった異なった業種が多数存在しており、それぞれの機能や事業がつながって商品を顧客に届けている。物流の視点に立てば、サプライチェーンであり、価値形成の視点に立てば、バリューチェーンである。

図表２－１はそれを価値視点でみたものである。

図表2-1　食品産業の市場規模とフードバリューチェーン

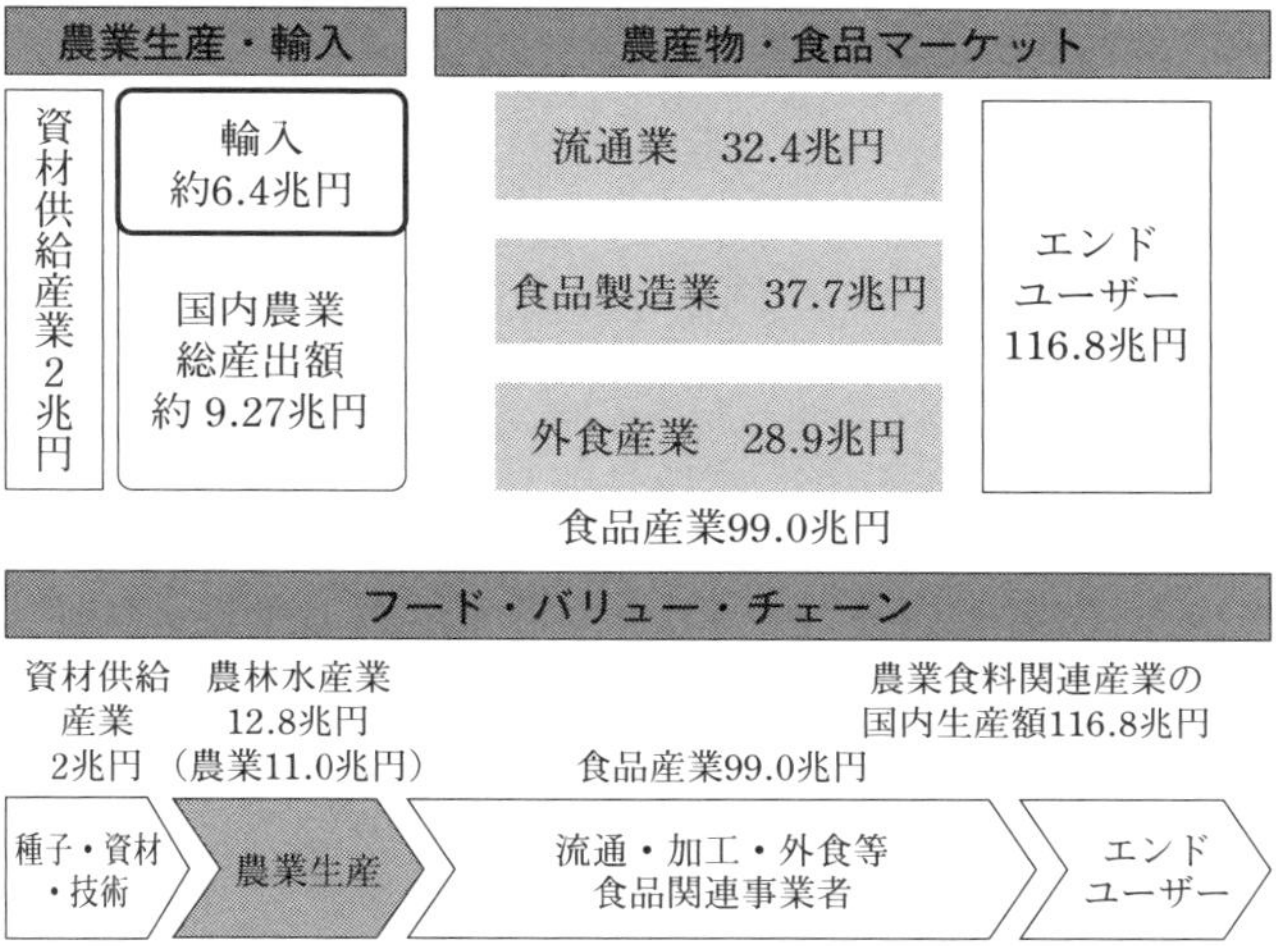

出所：「平成29年農業・食料関連産業の経済計算（概算）」農水省より作成

２０１７年の産業連関表によれば、食品消費額は１１７兆円に達している。他方、原料となる農産物の国内調達、つまり農業が約11兆円（農業の産出額は９・27兆円）、海外からの食品としての輸入が約６・４兆円で、それらが、食品製造業、流通業、外食産業等々を経ることによって１１７兆円となっている。これはある種の付加価値の増加のプロセスでありフードバリューチェーンである（図表２－１）。農業は、農業界の外に広がるこの大きな市場を見逃す手はない。

（産業連関表では、２０１７年の農業の生産額が10・97兆円となっているが、通常本書では、農業の産出額９・27兆円を使用している。両者が違っているのは、産業連関表には、農業サービス、種苗、飼料作物、仔牛や子豚等の中間生産物を含むなど、推計対象が異なっていることによる)。

さて、117兆円にも及ぶフードバリューチェーンを視野に入れることが、なぜ、農業の経営システム変革を促し、事業を拡大し、生産性の高い経営を生むのか。それは、それらを促す経済性がフードバリューチェーンにあるからである。その経済性には次の三つあると私は考えている。

第一に、大きい市場、伸びる市場へアクセスすることによって得られる成長可能性であり、第二にプロフィットプールを発見することによるビジネスチャンスの広がり、第三にチェーン全体の最適化による効率化の推進である。

もう少し詳しく述べてみよう。

まず第一の大きく伸びる市場へのアクセスについてである。事業規模の大きい農業経営が多数出現している背景には、大きな市場や成長する市場にアクセスし、自らの市場を拡大していることが大きな要因としてある。そのことで事業拡大のチャンスが広がることになる。

農業生産の市場規模は11兆円（産出額は9・27兆円）にすぎないが、食品産業まで広げてみると約99兆円と10倍以上になる。フードチェーン全体でみれば116・8兆円となる。こうした大きな市場が農業者の目の前に広がっている。それだけでも、農業者にとっては規模拡大の可能性や、生産以外の様々な事業への進出が視野に入り、事業拡大のチャンスは大きく開けることになるだろう。

輸出も大きい市場だが、国内のバリューチェーンも大きな市場であり、こうした大きく、しかも今後伸びる市場を見逃す手はない。

実際、百ヘクタールを超す稲作経営の出現は、業務用米という成長する市場を探り当てたことが大きいし、農家レストランや直売所といったビジネスの成長も、近年の消費者ニーズを探し当てたことが大きい。つまり、大きな市場に横たわる成長市場を探り当てたのである。大きな市場にはこうしたチャンスがあちこちにころがっているのだ。

プロフィットプールの発見でいいポジショニングが可能になる

第二は、プロフィットプールの発見による良いポジション取りと、ビジネスチャンスの拡大である。

食品バリューチェーンには様々な企業が多数存在しているが、事業としてみれば、収益性の高い事業部門と低い部門が混在している。どの事業に収益が集まるのか、これをプロフィットプールといっているが、フードバリューチェーン全体を見渡すと、どこにプロフィットプールがあるのか俯瞰することが可能となる。

図表2－2はフードバリューチェーン上にある諸事業を、顧客との近さと収益性（プロフィット）をもとに模式的に分類したものである。顧客に近いと収益性が高く、また加工度が高いと収

益性が高いことを示している。

図表2－2では、「サービス、流通・小売り、外食」事業が、最も顧客との接点が高く、かつ収益性も高い部門であることを示している。同じ顧客との接点が高くても「集荷・物流・卸」はそれよりも収益性は低くなっている。また、「食品加工」は、顧客との接点がサービス業より低いものの、収益性は高い。

農業は残念ながら、顧客からも切り離され、収益性の低い産業に位置づけられている。図には出さなかったが、その低い農業でも畜産、野菜、コメでプロフィットプールは異なっており、収益性をみるとコメが最も低く畜産が高い。同じ畜産でも養鶏の収益性が最も高く、養豚、肥育牛、酪農といった順に収益性は下がってくる。

つまり、フードバリューチェーンには、プロフィットプールの違う事業が併存しており、全体を視野に入れることによって、農業者にとって利益が出やすい（プロフィットプール）事業がどこにあるのか判然とするということであ

図表2-2　農業のプロフィットプールを考える

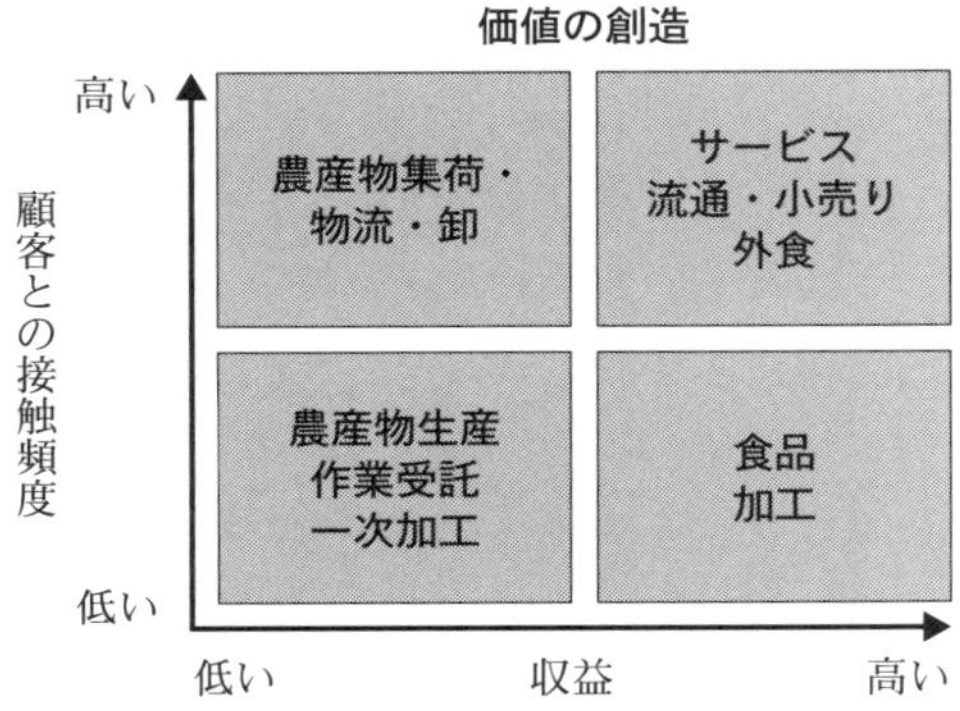

る。

農業者にとっては、従来のように、農業生産だけではなく、食品業界全体、フードチェーン全体にわたって広範に存在している事業の中から、付加価値の高い事業を選び取れる立ち位置に自らを置くことができる。そうした視野の広さを得ることによって、農業を農業生産にだけ閉じ込めておくのはもったいないと考えれば、それが多事業化の契機になる。

より利益の高い事業へシフトしたい意向があれば、穀物から野菜や畜産へのシフトが考えられるだろうし、農業生産以外ではおそらく食品加工や、さらにはサービスや外食等、顧客に近い事業へのシフトが考えられよう。また収益性の高い事業を核にし、複数の事業を取り入れることも考えられよう。

つまり、大きな市場でプロフィットプールを発見するということは、自らのポジションを選び取るのに有利に働くということである。プロフィットの高い事業や付加価値の高い事業に道を開くことになり、ビジネスチャンスが広がるということだ。農産物を作り規模拡大によるコストリーダーシップ戦略をとるのか、付加価値の高い差別化戦略を取るのかの判断にも有効になる。

フードチェーンの最適化でイノベーションが進む

フードバリューチェーンの経済性の第三にチェーンの最適化がある。これによって農業者は経営全体の合理化を進め、生産性の高い経営システムを作り上げることが可能になる。フードチェーンの経済性の最大のメリットは、チェーンの最適化を図ることにあるといっても言い過ぎではない。

最適化とは、マーケットニーズをはじめ、フードバリューチェーンの各所に存在する様々なニーズに適確に対応することだが、フードチェーンには各所にボトルネックが存在している。その解消をめざしチェーン全体を合理的に再編することを本書では最適化といっている。

図表２－３は、最適化を模式的に示したものである。

農産物が顧客に届くまでのプロセスには、様々な無駄や非効率などのボトルネックがあり、その解決策や合理化策が常時検討されている。ボトルネックは各所にあるものの農業に起因するケースが特に多い。

フードチェーンの川下には多様なニーズがあり、ここでは、例えば、「加工適性の高い野菜がほしい」とか、「小ぶりのものがほしい」、あるいは「日もちのするものがほしい」等々様々な要望が存在している。図表２－３の上は、こうした多様に存在する要望に農業者がうまく応えられない状況を示している、

この図では、ニーズの中でもわかりやすいように、例えば、食品業界に、10トンの農産物がほしいというニーズを考えてみた。フードチェーンにおける農業生産の両側、つまり食品産業界が10トンの農産物ニーズをもち、それを生産する資材業界にも10トンの農産物を生産する分の資材提供能力があるといった場合に、農業界には３トンの農産物しか作る能力がないといった状況が

図表2-3　フードチェーンの最適化が図られる（1）

最適化＝マーケットニーズに合わせてチェーン全体を合理的に再編すること

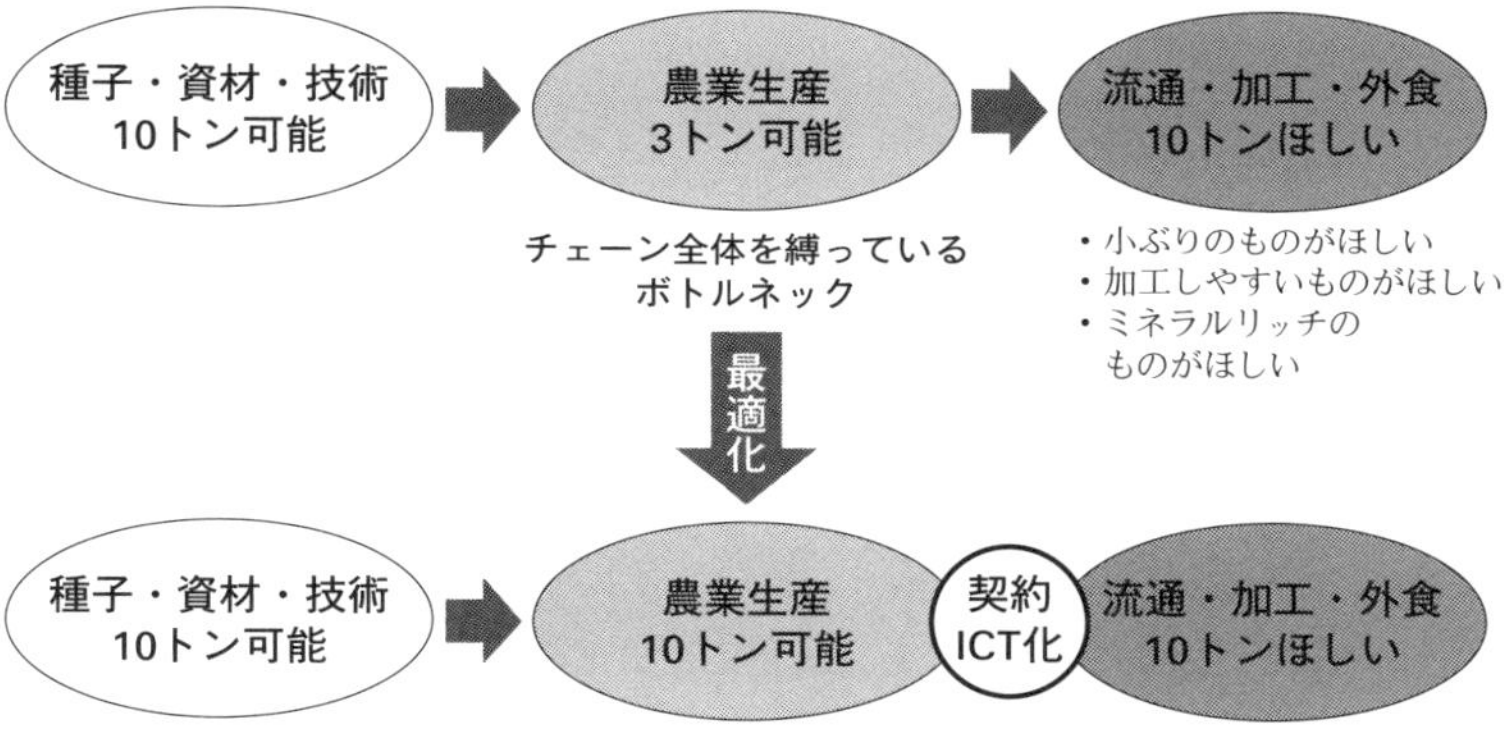

◯技術開発等の推進　◯規模拡大・新事業領域　◯マーケットイン
◯ステークホルダー同士のアライアンス

あったとする。

この例は、フードチェーン全体を見渡したときに、農業界がボトルネックとなっている状態を示している。最適化は、こうしたボトルネックをなくして、チェーン全体が10トンでつながることをめざそうとするものである。チェーン全体に存在する10トンというニーズに合わせて、農業界がどのようにして3トンから10トンの生産体制を築くかが最大の鍵となる。まずもってニーズに対応した生産体制を組もうとするマーケットインの体制づくりが必要だろうし、そのための技術革新や生産体制の変革が求められることになる。あるいは他の農家の組織化が必要となることもあるだろう。

ここでは、農業界の生産能力を事例に出しているが、他にも最適化を進めるニーズや課題としては、図表２－４に示したようにチェーン全体での

図表2-4　フードチェーンの最適化が図られる（2）

川下ニーズに対応するためのチェーンの工程での様々な工夫・革新

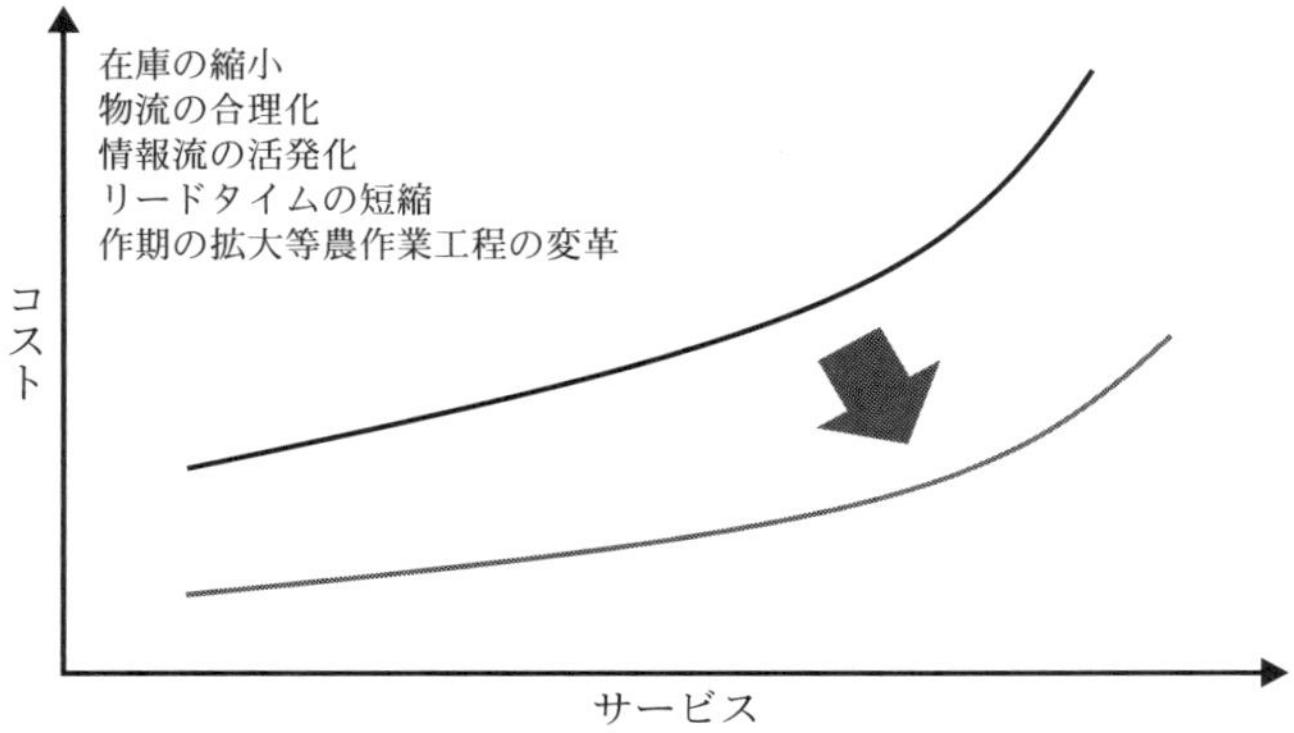

物流費が70円から35円になれば、残りをどう配分するかになる。
加工場から野菜の発注があってから農作業しその日のうちに届く。
納期に合わせた作業時期の工夫。

在庫の縮小、物流の合理化、情報流の活発化、リードタイムの短縮、作期の拡大、農作業工程の変革など様々に存在する。

これらを通して、コストを削減し、収益を増加させるのがフードバリューチェーンの最適化である。フードバリューチェーンといっても、現実には、チェーンの間の「すきまや段差（ボトルネック）」が絶えず存在しており、その「すきま」を意図的になくしていくことが最適化ということになる。

これによってチェーンの各所に存在する部分合理を乗り越え、全体合理を追求し、全体としてのコストを下げ、業界内にウイン・ウインの関係を築くことになる。チェーン上では、その最適化が日常的に絶えず図られている。

そのため農業者には技術革新や生産体制の変革が求められるといったが、フードチェーンに参画した農業経営者は、アライアンスを組む他事業者からの支援も受けながら、ボトルネックの解消をめざし、新たな生産・出荷体制を築こうとする。

例えば、野菜加工場から発注があったその日のうちに収穫し、その日のうちに加工場へ届くような工夫などもそうした事例の一つである。農業者はニーズに対応して生産工程や経営システムの見直しを図ることになるが、このプロセスを構築するには経営システムの改革が必要となり、それはイノベーションともいえるものになる。つまりチェーンの最適化はそれ自体が農業のイノベーションなのである。

こうした農業を私はフードチェーン農業と呼んでいる。フードチェーン全体を視野に入れる入れ方、チェーンのつなぎ方（アライアンスの組み方）、さらに経営システムの改革の仕方は、今のところ多様である。だがこれらのことによってフードチェーン農業は、事業拡大できるビジネスの仕組みとなる。

最適化の対象となるボトルネックは、従来農業問題といわれてきたもの

チェーンの随所に存在するボトルネックの中でも、農業がボトルネックとなることが多いと書いた。

日本の農業が、フードバリューチェーンでボトルネックになりやすいのは、①農業の制度的条件に加え、②農業界と産業界等との産業構造やマインドの違い、それに③自然条件に左右される

ことなどの理由がある。

そのうち、農業の制度的条件とは、農業への参入規制や、コメや生乳などで流通が分断しているなどの制度的規制のことである。

産業構造の違いとは、販売額３００万円未満の零細農家が8割弱もいるといった農業構造を指している。販売規模や資本力に限らず、経営形態が、通常の会社形態ではないこと、自然人の家族形態といわれるものになっていることも大きな構造の違いといえよう。規模の零細性や自然人家族経営形態という、他の産業とは違った構造によって、農業界のマインドが他の通常の産業と異なってしまったことが大きい。

農業者のマインドは基本的に生活者の発想であり、企業家のマインドではない。それらが、他の産業との間に溝を作り、連携にも後ろ向きになる要因となる。また連携に後ろ向きできた歴史が、農業と他の産業の溝をより深いものにしている。

特に、流通プロセスではそれぞれの事業者が対等な関係ではなく、強者のスーパー、弱者の農業とよくいわれたものだ。一つの流通業者に対し、多数の零細農家が対応するために、パワーバランスが崩れやすかったのである。それは資材等でも同様で、肥料、農薬、機械等の業界を相手にすると相対的に高い資材価格に直面することもあった。

農業では、零細であるが故に、流通の川上と川下の挟撃に遭っているともいわれ続けてきた。これはある意味農業問題そのものといってもよい。そうした中で1円でも安く資材等を買い、１

円でも高く農産物を売る仕組みを、農業協同組合思想に求めてきたのが、これまでの農業である。農家の数の多さを頼りに、資材業者や農産物業者と対等なパワーバランスを取ろうと考えたのが協同組合運動の本質である。

わが国の農協には「生産→加工→販売」に至るフードチェーンを構築する仕組みがなく、マーケットを拡大するなどの自助努力に励むより、農家数を頼りに政府に頼ることで体制を維持してきた。それはプロダクトアウトの流通構造を前提としたもので、こうした協同組合理論が、実需者の要望やマーケットの状況を反映したマーケットインの流通システムへの転換を難しくし、農業の失われた20年の一因となってきた。

わが国では、制度上の問題や産業構造の違いやそこで長年培われてきたマインドの違いから、農業サイドがこれらを乗り越えるのは並大抵なことではなかった。それどころか、農家サイドには、例えば、「農産物価格、特に米価は（政治的にも）高くすべき」といった市場を忌避するマインドや、「業者と連携しても買いたたかれるだけで、良いところだけ取られて自分たちは損をしてしまう」といったフードチェーン上の事業者への不信感が醸成され、フードバリューチェーンの構築を難しくさせてきた。

そのため、チェーン全体を見渡したときに、農業界だけが他とすり合わせが困難なボトルネックとなってきたのである。たとえ契約栽培を行ったとしても、そこには相互不信とクレームの山が築かれてきた。買い手側からは、約束通りのものが来ない等のクレームが、また生産者側からは、出荷規格が厳しい、価格が割に合わないなどのクレームである。

次のような農業者の嘆きは現在でもよく聞かれる話である。

例えば、①買ってくれるので、どんどん作ったら、しばらくして買ってくれなくなった。ある日取引停止となった。大手一社との取引は怖さがある。②冷蔵車で冷やしながら運んだが、約束と1度違い出荷停止となった。③電話受注があったのでその分出荷準備したが、その後キャンセルに遭い在庫を抱えてしまった。④業務用の業者取引は怖いので、エンドユーザー対応に切り替えたが販売額が伸びない。⑤加工に切り替えたが、設備投資がかかり、リスクが増えた、等々である。

こうしたことが、政治的に価格を維持することを考えたり、他の産業との連携に消極的になったりする農業側の行動につながってきた。

だが、EUの農協は、すでにフードバリューチェーンを視野に入れ、農協が消費サイドの情報に基づいたマーケットインの農業を築き、農業サイドが陥りやすいボトルネックを解消する動きを強めている。

わが国でも、チェーンをさらに強くすることによってこれらを乗り越えていく努力が少しずつみられるようになった。実際、農業が、法人化、大規模化に向かうにつれて、農業者のマインドにも変化がみられ、ボトルネックを解消する努力がみられるようになった。フードチェーンでのアライアンスをさらに強化し最適化できれば、その先には大きな可能性が広がる。

ただそれでも最後には、農業は自然に左右されることが多く、それをどう克服するかといった課題が残る。そこには自然条件に左右される農産物と、コンスタントに供給してほしい食品との違いがある。これらは、チェーン全体の中で、個々の事業者の工夫で解消していけるものでもある。

２０１９年は台風15号や19号、２０１８年は台風21号で農業は甚大な被害に遭った。その前年には、カルビーは台風で減少したポテト生産に合わせて、商品アイテムを見直した。デリカフーズは、外食等の顧客へメニュー変更を提案し、野菜の使用構成の変更を試みた。野菜くらぶの澤浦彰治社長は、台風19号では、農産物は別の農場から出し続けた。「自然災害によって回復できないのは、施設や農地ではない、顧客が回復しない。だからいつでも責任をもって供給できるように、農場を分散させるとともに、強い施設を作っておく」という。一つの考えだろう。

これまで普通の産業になりきれなかった農業界が普通の産業になるための離陸の苦しみが始まっている。

フードバリューチェーン以外にも、サプライチェーンやフードシステム等の似た概念がある

ここで、フードバリューチェーンという言葉の使い方について若干述べたいと思う。

経営学には、バリューチェーンやサプライチェーンといった言葉がある。他方、食品業界に

は、フードバリューチェーンという言葉もあれば、フードシステムといった言葉も存在している。フードシステム学会という学会もあり、農業関係の研究者はフードシステムという概念をよく使っている。農水省は、実業界で近年よく使うようになったバリューチェーンを使用している。これは第6章でも述べるが、農水省は、バリューチェーンの構築といっており、主に六次産業化を説明する際に使っている。一次産業よりも、二次産業、二次産業より三次産業の方が付加価値が高いことから、六次化プロセスをバリューチェーンと認識しているということだ。そのためであろうか、農水省は、バリューチェーンを本書のような産業バリューチェーンとしてではなく、企業の価値増殖を示すポーター的概念を準用し企業バリューチェーンとして使用している。

これら様々なコンセプトはどこが違ってどこが同じなのか、メモ程度に整理をしておこうと思う。

バリューチェーンとサプライチェーン

バリューチェーン（Value Chain）は、元々、マイケル・ポーターが著書『競争優位の戦略』（1985年）の中で用いた言葉で、「価値連鎖」と訳されている。

企業活動の本質は、価値を付加していくことにあるとし、企業が価値を生む諸業務、諸事業（具体的には9つの機能）に注目している。ポーターのバリューチェーンは、企業活動そのもののことといってもよい。逆にいえば、ポーターは企業とは何かに答えようとしたのだ。

ただ、ポーターのバリューチェーンでは、価値を創造する機能のつながり（チェーン）は不鮮明である。諸機能はただ単に「存在している」状態に置かれ、「機能をつなぐ」ことにさほど関心を示してはいない。そのため、ポーターのバリューチェーンでは企業を超えて機能が連携する水平分業の分析には不向きと考えられ、バリューチェーンとは異なったコンセプトを提供する経営コンサルタントや経営学者も登場した。ボストンコンサルティンググループやマッキンゼーといった会社である。

だが、そのコンセプトが複雑だったこともあり、１９８０年代以降、バリューチェーンの概念は拡張してとらえられ、一企業を超えた水平分業にも積極的に応用され、産業バリューチェーンとして有効性を保持するようになった。実際、商品を最終顧客に届けるまでには複数の企業が関わっているように、今日、価値提供が一社のみで完結することは少なくなっており、一企業を超えて相互に連携して価値を増殖するようになっている。こうした企業や産業を超えた機能のつながりを、サプライチェーンという場合がある。

サプライチェーンは、諸機能の結びつき方（チェーン）を課題とし、商品の供給の最適化をめざす概念だが、それには、物流の最適化をめざすロジスティックスや関係者間の情報共有をめざすＩＣＴが深く意識されている。

そこで、①価値創造、②サプライチェーン（機能のつながり）、③ロジスティックス、④ＩＣＴによる情報共有システム等を時々によって使い分けるのではなく、すべてを一括して価値を増殖させるバリューチェーンという言葉で表現するのがいいと私は考えているが、それをサプライチェーンといったところで何の違和感もないだろう。

こうしたなかで、食品産業のケースをフードバリューチェーンと表現している。さらにフードバリューチェーン上にある農業をフードバリューチェーン農業、縮めてフードチェーン農業といっている。

フードチェーンとフードシステム

他方、フードバリューチェーンとフードシステムとの峻別は、少々やっかいな問題を含んでいる。対象領域はフードシステムもフードチェーンも同じ業界を対象としている。

そもそも、フードシステムは、それまで農業界を分析対象としてきた農業経済学の中にあって、農業界だけでなく、食品業界や流通業界まで対象領域を広げることを目的に作られたコンセプトである。個別に扱われていた異なった産業領域を相互に関連性をもったシステムとして理解しようとするものである。農業も含む食品関連業界の仕組みや構造の分析に関心を示しており、経済全体の中での食品業界の動向分析に強みを発揮している。

他方、チェーンは、同じ対象を、企業活動に関心を示しながら、マーケティング理論に依拠し、収益や生産性を上げるために、ばらばらなパーツをすり合わせ、企業活動として組み立てようとする目的意識をもった概念となっている。実際のビジネス展開で、実学的に業界を把握するスタンスをもっている。

一見、システムの方が、幅が広く、包括的で、深みがあるように感ずる。実際『フードシステム学の理論と体系』(農林統計協会)という本も出版され、先に述べたように学会も存在している。

だが、実際に対象とする領域で企業ビジネスを考えようとすると、今のところ、フードチェーンの構築が現実的課題として登場し、その際には、業界構造やそれぞれのプレーヤーの特質、相互関係を斟酌する必要があり、様々な関連情報・知識が必要となる。その範囲は、通常フードシステムの研究で必要とされる範囲をはるかに超えており、実際にはチェーンはシステムよりも広範な知識を必要とする分野となっている。

将来どちらが有効性を示すようになるかはわからないが、概念が共存してもそれほど困った状況にならないのは確かなように思う。

2 フードバリューチェーンをみると、稲作でも100ヘクタール（約1億円）超への拡大が可能になる

まずは完全なマーケットインを考える

「農業の失われた20年」には、稲作の生産性が急低下したことが影響していた。一方で、フードチェーンの最適化を図ることができれば、たとえ収益が低い稲作でも、ニーズに基づき工程を変革するなど、チェーンの最適化を図ることで生産性、収益性ともに高い農業を展開することが可能となる。フードチェーン農業は、事業拡大できるビジネスの仕組みである。

現に、近年では、衰退する稲作生産にも、伸張する業務用米市場があり、そこにポジションをとることによって100ヘクタール超まで事業拡大する農業が多数出現している。

まずもって、コメ業界全体でのフードバリューチェーン全体を視野に入れることが前提となる。バリューチェーンの中に存在するマーケット情報をもとに、農業者は作業工程や経営システムの改革に取り組み、事業規模の拡大を可能としている。

農業界には、米価維持こそ農業振興につながり、米価は高くなければならないとする発想があり、農家には、価格の低いコメを作りたがらないマインドがあり、そのことが産業界とつながる

図表2-5　農産物のフードチェーン（流通業者が中核的担い手）

コメ・生鮮農産物のフードチェーン農業

種子・資材・ICT	農産物生産	流通・販売	実需等
三井化学アグロ みつひかり 豊通　しきゆたか 富士通、機械メーカー	フクハラファーム、内田農場、横田農場、染谷農場	神明等卸 ㈱アグリ吉野家IS	外食（丼・弁当等）、炊飯事業者、スーパー、酒造、味噌・甘酒・豆腐の各メーカー
住友化学アグログループ（コシヒカリつくばSD1号） 720㌔目標、つくばSD2号チルドライス クボタ農機	穂海、集荷・保管機能のあるJAなどと生産委託契約 JA庄内みどり	むらせ 伊藤忠食糧	外食（丼・弁当等）、中食、炊飯事業者、スーパー、給食など
萌えみのり（東北農業研究センター） 630㌔目標、ソフトバンクグループPCソリューションズ 取引資材卸からの提供	JA秋田ふるさと等14JAの生産組合	（株）ヤマタネ	外食（丼・弁当等）、中食、炊飯事業者、スーパー、給食など

際のボトルネックになっている。その結果、コメ市場がどうなっているかといえば、価格の高い家庭用米は過剰となって市場は縮小する一方で、中食、外食が伸張するなかで、価格の安い業務用米は不足基調で推移している。前者はレッドオーシャンだが、後者はブルーオーシャンである。

業務用米は価格が安いことから農業者の生産インセンティブがわかず供給が足りない状態となっている。必要としているのは、吉野家などの外食事業者や給食事業者、さらには炊飯事業者等である。市場は拡大しており、確かなニーズがあるため、供給サイドからみてブルーオーシャンの市場となっている。

そこで、必要とする実需者とコメ卸が連携し、この市場に参入する生産者や産地を探し出すといった動きが２０１０年代にはみられるようになった。

だが、プロダクトアウトの構造に置かれた農家はこうしたマーケット情報に疎い。その年の米価を知るのも、出来秋の動向をみた農協が、8月末ごろ、概算金という金額を農家に示すことによって初めて知ることになる。しかも農家はコメは過剰といい聞かせられており、生産調整に余念がない。業務用米の世界では、足りないという情報を農家が知るようになったのは、ここ2、3年のことである。

こうした農家は、業務用米の米価は安いため、市場はブルーオーシャンであるにもかかわらずそこに自らのポジションを置くことはない。これが米業界の実態であった。

そこに、マーケット情報を把握しながら、業務用米にプロフィットプールがあるとみたコメ卸と農家が、販売提携や技術提携をしながら作り上げたフードチェーン農業が図表2－5である。

次に経営システムの改革、イノベーションを推進する

図表2－5について説明しよう。マーケットニーズに基づき、コメ農家を組織し、一緒にイノベーションを考えるなど、事の発端となったのは流通・販売というところに位置するコメ卸だった。これをチェーンマネージャーといっているが、このフードチェーン農業を作り上げたコメ卸には、神明、むらせ、伊藤忠食糧、ヤマタネなどがある。

これらのコメ卸のいうことを受け入れるには、農家には経営システムの改革が必要だった。米

価が安くても収量を多くすれば、10アール当たりの販売額は変わらない。変わらないどころか面積当たり、あるいは一経営当たりの販売額を向上させることも可能となる。さらに規模拡大するなどしてコストを下げられれば、1経営当たりの利益率は上げられる、

卸などの流通業者とアライアンスを組んでいる農業者には、大規模農家や農協の出荷組合などがある。具体的には、フクハラファーム（滋賀）、穂海農耕（新潟）、横田農場（茨城）、染谷農場（千葉）等々いずれも百ヘクタールを超す、わが国でも非常に大きな農家である。これらの農家が、100ヘクタールを超える規模に拡大できたのは、いずれもブルーオーシャンの市場に身を置いて、フードチェーンの最適化によってイノベーションを進めることができたからである。

マーケットインから始まるコメのフードバリューチェーンでの契約内容はおよそ以下のようなものである。

流通業者と農家との契約内容は、納入期日、品種、食味値、価格、数量などからなる。契約は、シーズンが始まる前の2月までには確定される。そこから農業者の工夫が始まる。作業計画を作ることになるが、多くの場合、まずもって納期にそった圃場ごとの刈り取り時期を決め、そこから逆算して田植え時期や耕耘時期、品種ごとの育苗等の作業時期を決めるといったやり方が多い。

完全にマーケットインに基づき、フードチェーンの最適化（イノベーション）に努めようとする対応である。

最適化の主な内容は次のようなものである。収穫作業はおよそ2カ月以上に拡大させるため、早生種から晩生種まで様々な品種を組み合わせている。当然田植え作業の作業期間も長くなり、品種は、10種類から20種類に及ぶことがある。食味さえ確保できれば、確実に売れるのだからこれまでのように県の奨励品種の1から2品種だけに特化するようなこともない。

品種ごとの圃場はできるだけ集団化し、集団化したところは作業時期が同一になる。肥培管理などはできるだけICT化し、適地適産、適期作業ができるような工夫をする。

多収性品種が選ばれているので2割弱程度のコストダウンになるが、刈り取りで、普通2週間程度の作期を2～3カ月に拡大しているので機械の稼働率を以前の4～5倍に向上させ、機械の減価償却費を4分の1程度に下げることが可能になっている。これが刈り取り機械だけでなく、トラクターや田植機、乾燥施設等の稼働率も上がり、大幅なコストダウンにつながってくる。これらチェーンの最適化行動は、稲作生産のある種のイノベーションとなっている。

はじめは集荷の卸売業者や外食事業者と農業者とがつながりをもってこのフードチェーンが始まったようにみえるが、このプロセスで農業者は様々な事業者と業務提携することになる。例えば、多収性品種のみつひかりを提供する三井アグロや、つくばSD1などの住友化学、肥料業者やICTベンチャー等々との技術提携など、フードチェーン全体に存在する様々な事業者と連携することになる。

農産物流通の分断を越えてつながるフードバリューチェーン

ところで、このシステムの最初の契機は、2月にコメの品質や価格を決めて契約することにあった。先に述べた8月に決定する概算金システムで動いているコメ業界で、これを実現するのはなかなか困難なことである。

というのも2月の時点で米価を決めることは、その年の自然条件によってその後収量変動が生じることから、卸と農家双方にリスクが生じることになるからである。8月ごろになって買い取り価格を決める農協の概算金システムは、そのリスクを回避するために作られたものである。しかもそれは農協が最終的に農家に支払う価格ではなく、8月以降に生じる販売の変動リスクを回避するために、最終精算価格よりも安い価格を提示する方式を取っている。

こうしたコメ業界の常識を打破し、フードバリューチェーンの最適化を図り、コメ産業を振興するには、米価の変動リスクを吸収する仕組みが必要となる。その一つにコメの先物取引があるが、利用者が少ないという理由で２０１９年７月の時点でも農水省はその本上場を認可していない。つまりわが国のコメ業界で、２月の契約からスタートするフードチェーン農業を行うのは並大抵ではないのだ。

日本の農業が、フードバリューチェーンでボトルネックになりやすい理由に、制度的条件、産業構造やマインドの違い、自然条件の三つを先にあげたが、ここで障害となっているのは、１番目の流通制度という制度的条件である。

わが国の流通制度では、生産サイドと消費サイドが制度的に分断されており、残念ながら関係者がアライアンスを組みマーケットイン農業を推奨する仕組みとはなっていない。

分断の程度は農産物によっても異なる。コメは食管法時代の計画流通をいまだに踏襲している。この仕組みは、農業者が農協に無条件委託し、農協は「共同計算方式」といって農家個々のコメをプールして全農に無条件で委託する仕組みである。農業者には、あらかじめ販売額を下回る金を前渡しし（概算金）、最終的精算はおおよそ2年後に行われる。全量委託販売、共同計算、2年後精算というシステムでは、コメの需給や価格が生産者に伝わることはないし、ましてや消費者ニーズが農業者に伝わりにくい。コメ制度の大きな目的は消費者ニーズなどの市場情報の伝達ではなく、需給調整にあるからである。

生乳も「指定生乳生産者団体・加工乳不足払い」制度によって、需給も流通も管理された状態にある。農業者の生乳は、指定団体（農協）が集めてプールし、乳業メーカーに販売する仕組みだが、価格は毎年指定団体と乳業メーカーとの価格交渉で決められる。このシステムでも消費情報は生産者に届かない仕組みとなっている。

卸売市場もまた流通を分断する。農産物の多くは基本的に卸売市場を経由する。図表2－6は、野菜、食肉、花卉の流通を取り仕切る卸売市場流通を示したものである。卸売市場そのものは、卸売業者と仲卸業者をセリで相対させることによって公正な価格を形成するといった性格をもつが、同時にこのセリが流通を分断することになる。消費サイドの情報が生産サイドに届かず、農業生産は必然的にプロダクトアウトの構造にならざるを得ない。こうしたこともあり、流通はこうした統制に対抗する形で進み、卸売市場経由率の低下が進んだ。統計上、卸売市場経由となっていても実質的には形骸化して自由な流通となっているケースも多い。自由な流通はもはや分断をもたらす制度的流通量を上回っている。しかしそれでもそれらは制度上例外的な流通でしかなく、個々の事業者には互いにつながっているとの認識は弱い。全体の統率者も存在せずチェーン全体がマネージメントの対象となるケースは少なく、したがって、取引においては事業者間のある意味でパワーゲームとなっており、農業は意識的にも実質的にも孤立状況にあるといってよかった。

とはいえ、そうしたなかでも、事例としてあげたコメ業界のように、分断を乗り越え事業拡大する農業経営が多くみられるようになったのが近年の状況である。流通を分断してきた卸売業者や仲卸業者も、生産サイドと消費サイドの情報交換を密にする機能を強化し始め、両者の仲介事業等に乗り出し始めている。その基本は情報の共有にあるが、そのために相互にアライアンスを組み事業提携を試みている。

図表2－6の下の図は、分断を乗り越え、エンドユーザー、流通、加工、外食等とつながる農業を示している。本書ではそれらをフードチェーン農業といっている。

農業者が自身でフードチェーン農業を作り上げる場合には、その規模は、5千万～10億円程度

図表2-6　情報をつなぐ端緒はマーケットイン

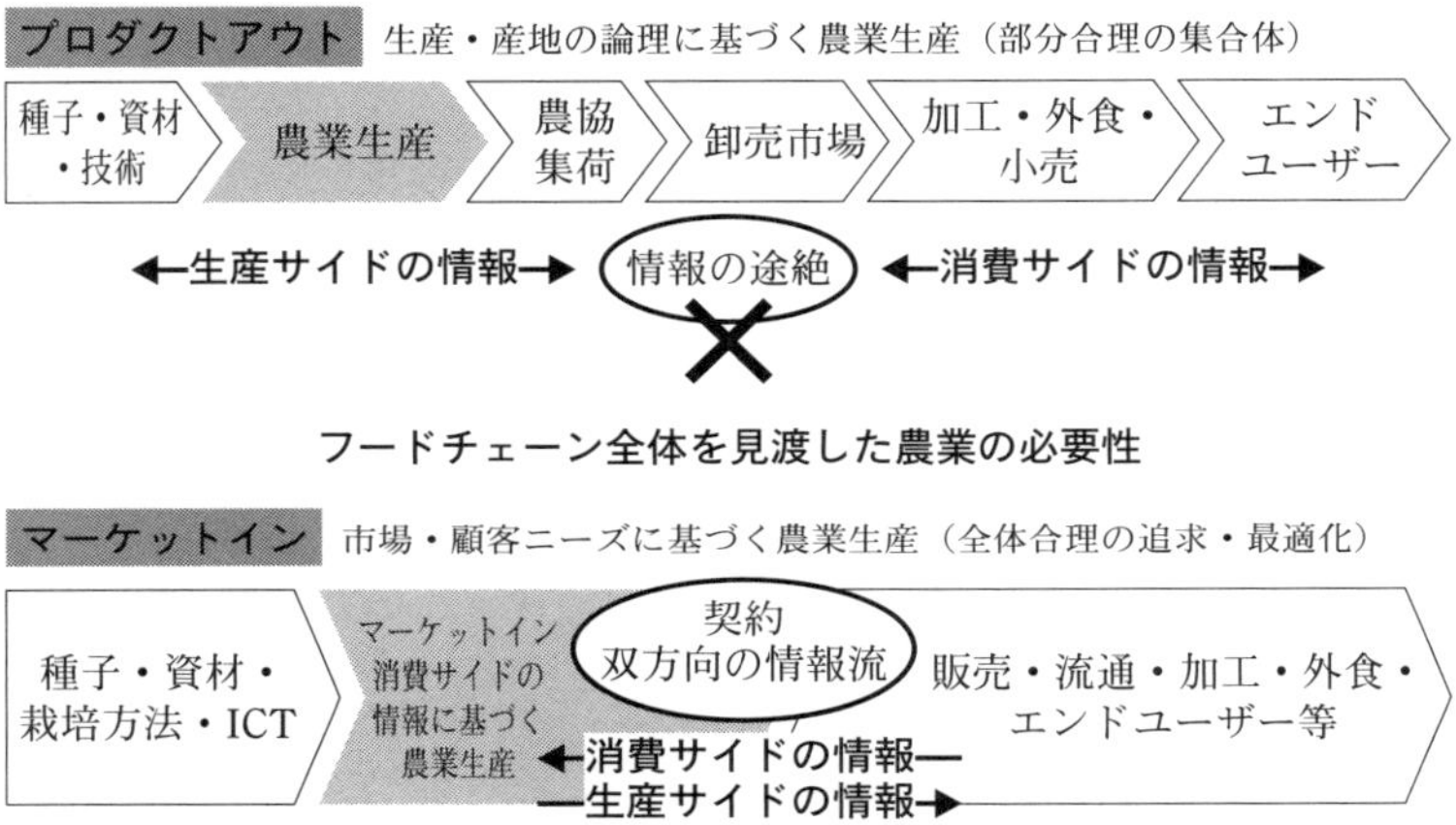

と、先に挙げた大規模農家の販売規模に匹敵するが、中には50億円クラスになることもある。逆にいえば、フードチェーン農業を定着させることが、わが国の農業の生産性や産出額を向上させ、農業を成長産業化する唯一の手法ということになる。

　また、畜産に目を移せば、酪農を除く畜産（養鶏、鶏卵、養豚、肉牛等）は、従来、比較的自由に流通できており、また農地に依存する割合も相対的に低いことから企業の参入もみられ、農業では大きな部門となってきた。それらの経営がフードチェーンを視野に入れると、販売額はコメや野菜の5倍から10倍に跳ね上がるケースもみられ、畜産は、1桁から2桁違ったものとなっている。わが国の農業を取り巻く環境は大きく変わってきているといえよう。

3 フードバリューチェーンを視野に入れた農業をフードチェーン農業といおう

フードチェーン農業の特徴

これまでフードチェーン農業という言葉を定義なく使ってきた。フードチェーン農業は、有り体にいってしまえば食と連携する農業である。フードチェーンの経済性を享受する農業で、バリューチェーン全体の最適化をめざす農業である。本来ならフードバリューチェーン農業とでもいうべきなのだろうが、長いのでフードチェーン農業といっているにすぎない。

あえて定義すれば、フードバリューチェーンの諸機能、関連事業者を相互に結びつけることによってチェーンの最適化を促し、生産性の向上や事業の拡大をめざす農業ということになる。特に、消費者やエンドユーザー、実需者や顧客など、いわゆる市場（マーケット）サイドと農産物生産サイドとのコミュニケーション回路を作ることがきっかけとなることが多く、マーケットの要望に向け、生産サイドで何らかの工夫を行う農業のことである。

チェーンというぐらいなので、関係する機能やそれを担う事業者のつながり（連携）をどう図るか、これが大きな課題となる。実際のつながりは、様々な中身と濃淡をもちながら、日常的経

図表2-7　事業拡大する新しい農業の4つのキーワード

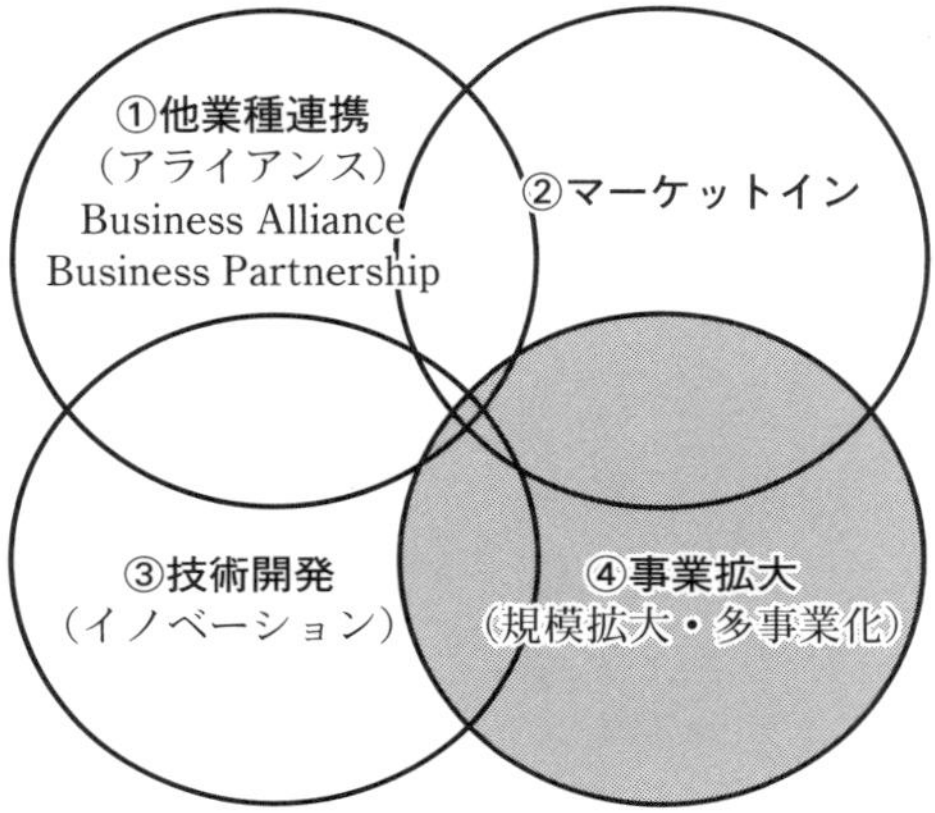

済活動として様々な局面でみられる。

つまり、フードチェーン農業は、機能のつながりに注目した概念であり、農業者が、チェーン上にある他事業者等と連携しながら、それぞれがもつ専門知識を農業に取り入れ課題を解決し、最適化していく農業ということである。

ビジネスの特徴を整理していえば、図表2－7のようになる。①チェーン全体のつながり（アライアンス）の構築によって、②マーケットインや情報の共有が図られ、③チェーンの最適化を進めることによってイノベーションが進み、④プロフィットプールを念頭に置いて規模拡大や多事業化等の事業の拡大を進める農業である。

やがてフードチェーン農業によって規模拡大や事業拡大を進めるために、他の生産農家の組織化を積極的に行うことになる。

したがってフードチェーン農業には、チェーンを作る農家と、それに組織される農家が存在することになる。作る農家をチェーンマネージャー、組織される農家を受動的フードチェーン農家と呼んでいる。

受動的な農家がその後、積極的に自らフードチェーン農業を作り販売額を伸ばすことも考えられる。

つながり（連携・アライアンス）が命のフードチェーン農業

フードチェーン農業を行うには、つながりを作ることがすべての始まりである。フードチェーン農業の要諦は、このつながりをいかにマネージメントするかにある。

チェーンのつなぎ方には、一社で全体を統合する企業バリューチェーン（垂直統合）と、フードチェーン上にある専門家がそれぞれの得意技を背景に業務提携する産業バリューチェーン（水平分業）がある（図表２－８）。

企業バリューチェーンは、農業者や企業が、農産物生産から、販売、加工まですべてを一社または一人で行うもので、契約によらず、自社の事業計画に則って上記をすべて行うスタイルとなる。農業では、企業の農業参入やインテグレーション、さらには六次産業化がこの分類に入る。

企業バリューチェーンの場合には、会社や一農業者の判断ですべての事業を実行できるので、判断も早く、合理的な結びつきを志向できる。

他方、産業バリューチェーンでは、チェーン上にある様々な専門知識をもつ関係者が、相互に

図表2-8　フードバリューチェン全体を見渡すということは?

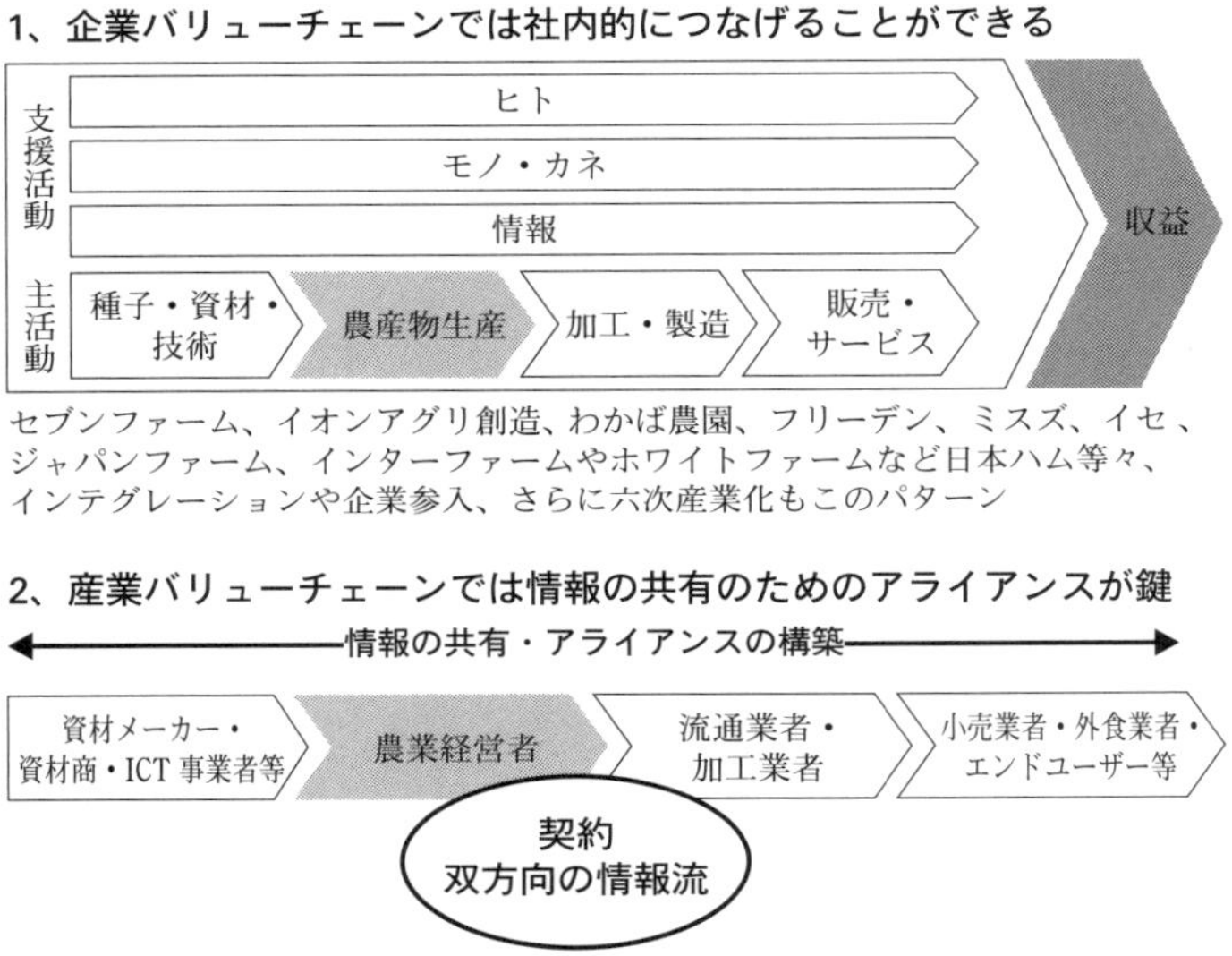

事業、機能のつなぎ方を創造し、様々にアライアンス（Alliance）を組んで、作業工程に工夫をこらしながらチェーンの最適化を試みる動きとなる。

どちらが生産性の高い農業ができるかに関しては一概にいうことはできない。

六次産業化は企業バリューチェーンだが、政策的支援もあり、農村の中で多様な広がりをみせその数を増やしている。

他方、企業バリューチェーンで成功した企業参入には、１９７０年代からインテグレーションと呼ばれる農業システムを構築し、一社で４００億円超と一つの村の産出額に匹敵するほどの事業規模を誇っている企業もある。だが、参入企業の中には、農業の産業構造上の特徴や自然に左右される農業の特徴を乗り越えられず、撤退していく企業も少なくない。企業バリューチェーンは他事業のノウハウの取り込みが弱いことに加え、すべての事業を抱え込むのでリスクは大きくなる。六次産業化など、資本力の小さい小規模農家に企業バリューチェーンの仕組みが妥当か検討の余地があるように思われる。

企業バリューチェーンと産業バリューチェーンにはそれぞれ一長一短があり、おそらく両方のモデルが今後農業でも生まれてくるのだろう。ただ、個々の事業者が独立している食品産業界では、産業バリューチェーンを取っていることが多く、しかも規模が小さく、家族経営が中心の農業ではこの連携の仕方の方が適していると思われる。つまり個人戦をするのか、団体戦をするのかの違いである。

団体戦のつながりは様々なところでみられるようになった。商工業者と連携して事業を拡大する農商工連携と呼ばれる農業や、契約栽培など、他事業者との連携を特徴とする農業が多数登場しており、そこには様々な専門家の参加による様々な業務提携（BusinessAlliance）がみられる。関係者間の販売提携は確実に進んでおり、そこには技術提携もみられ、将来的には資本提携もみられるようになると私は考えている。他事業者との連携・アライアンスは新しい時代の農業を作るキーコンセプトになりつつある。

チェーンの「つなぎ方」は今後多様になっていくと同時により緊密になっていくと考えられよう。

日常的には、関係者の事業提携、つまり契約（契約受注）によるものが基本となっている。同時にその都度相手を選びネット上でつながることも可能となっている。

つながりによって、重視するのは、川下の情報が農業生産現場まで届き、また農業生産の情報が川下へいきわたるなど、「情報の双方向流通」を可能とすることである。同時に、農業生産と消費とが、相互に他を当てにする形でチェーン全体を循環するようにすることである。さらには、蓄積した情報から共同で市場開発や商品開発を行い、新たな商品を顧客に届けるビジネスも考えられるようになることである。

この「つながり」は、農業生産者・出荷者や外食・流通事業者などの事業者のフィロソフィーに準拠する形で形成されるものである。契約内容には、安全性や、GAP認証、HACCP認証など、アライアンスを組む関係者同士が共通の価値観、共通のルールをもつことによって進む可能性がある。

今後様々なチェーンの「つなぎ方」がみられるようになるに違いない。

マーケットインや販売提携、イノベーションや技術提携を実現するフードチェーン農業

つながりによって求められるのは、チェーン全体での情報の共有である。農業者や川下事業者にとって最も関心のある情報は、マーケットでの売れる農産物、売りたい農産物に関する情報であろう。

マーケット動向などの情報を取り入れた農業生産を行おうとすると、生産は必然的に市場の要請によって行うマーケットインの農業となる。近年、マーケットインの農業生産が増加しているのは、逆に言えば、川下のニーズを的確に把握しない農産物は売りにくい状況になっているからである。同じ作物ですら用途によって品種や作り方が違い、売れ筋がまったく異なっている。

例えば、ポテトチップスを作るジャガイモとフライドポテトを作るジャガイモではまったく異なった品種を使っており、これらと普通に食べるジャガイモもまた異なっている。野菜も、卸売市場に出荷するレタスと業務用で使うレタスでは、大きさや梱包の仕方が違っているし、コメも業務用と家庭用とでは品種や作り方がまったく違ってきている。業務用のコメは市場で不足しているのに対し、家庭用のコメは過剰で産地間競争の激しいレッドオーシャンの市場となっている。農業者にとっては、こうした市場で日常的に事業を行っている事業者からの要請があってはじめて市場でのニーズを知ることが多い。

こうしたことから、農業者は川下事業者と積極的に販売提携し、顧客や川下事業者からの要請やデータを分析し、売る対象（ターゲット）を明確にした上で、作物や品種の選定や生産に結びつけるようになる。その上で、農業者は、価格、生産量、栽培時期、栽培方法などの生産計画を作ることになる。こうしたマーケットインの農業では、より大きな市場に身を置くことができ、事業の拡大、経営の成長速度も速くなる。

ただ、たとえそうした市場に身を置こうにも、自らの経営の力や技術力では要請に応えられないことも十分に生じ得る。川下ニーズに対応したマーケットインの生産を遂行するには、それを裏付ける技術革新はどうしても乗り越えなければならない課題となる。求められる良いものを作って黒字の経営にするということである。

マーケットイン農業では、工程管理、多収や品質の確保、機械や施設の導入などの高度な栽培技術が求められ、技術力が計画を遂行する力となる。必要な技術は何かが明確にされ、同業の農業者はもとより、種苗業者、資材商、機械商やＩＣＴ事業者、栽培研究者等と様々な人々と技術提携することによって、新しい技術が開発されることになる。

現実には、ＩＣＴベンチャーと連携しながらスマート農業と呼ばれる生産性の高い農業にチャレンジする経営や、自然環境制御を特徴とする植物工場など技術革新（イノベーション）を特徴とする経営がみられる。それだけでなく、工程管理や経営管理、考え方等すべてにわたって新しい経営のやり方が模索され、これまでとは異なった新しいビジネスモデルが作られることもある。それら全体がある種のイノベーションになる。

第3章

フードバリューチェーンで新しい農業を作る経営者たち

1 フードバリューチェーンをつなぐには チェーンマネージャーが必要

フードバリューチェーンをつなぐチェーンマネージャーとは

フードチェーン農業は、市場原理にまかせておけばできるというものでもない。チェーンでの合理性・効率性の必要性を感じ、チェーンの最適化を図ろうと行動してはじめて実現するものである。

この機能を担う人を本書ではチェーンマネージャーと呼んでいる。彼らの役割は、まずもって自らのロジックでチェーンをつなぐことである。これまで述べてきた脈絡でいえば、プロフィットプールを探し、マーケットインの体制を整備し、チェーンの最適化・イノベーションを図るなどして農業経営システムを改善することである。その意味では、農業のイノベーターといってもよい。

注目しておきたいのは、同時に実質的な農家の組織者でもある点だ。チェーンの最適化を図ろうとすると、農業がボトルネックになるケースが多く、例えばチェーンが要望する量に届かないことがある。そこで量をそろえようと、意を同じくする他の農家を組織化するなど、農業サイド

図表3-1　チェーンマネージャーが必要

フードチェーン全体を見渡した農業の構築には「つなぐ」役割が重要

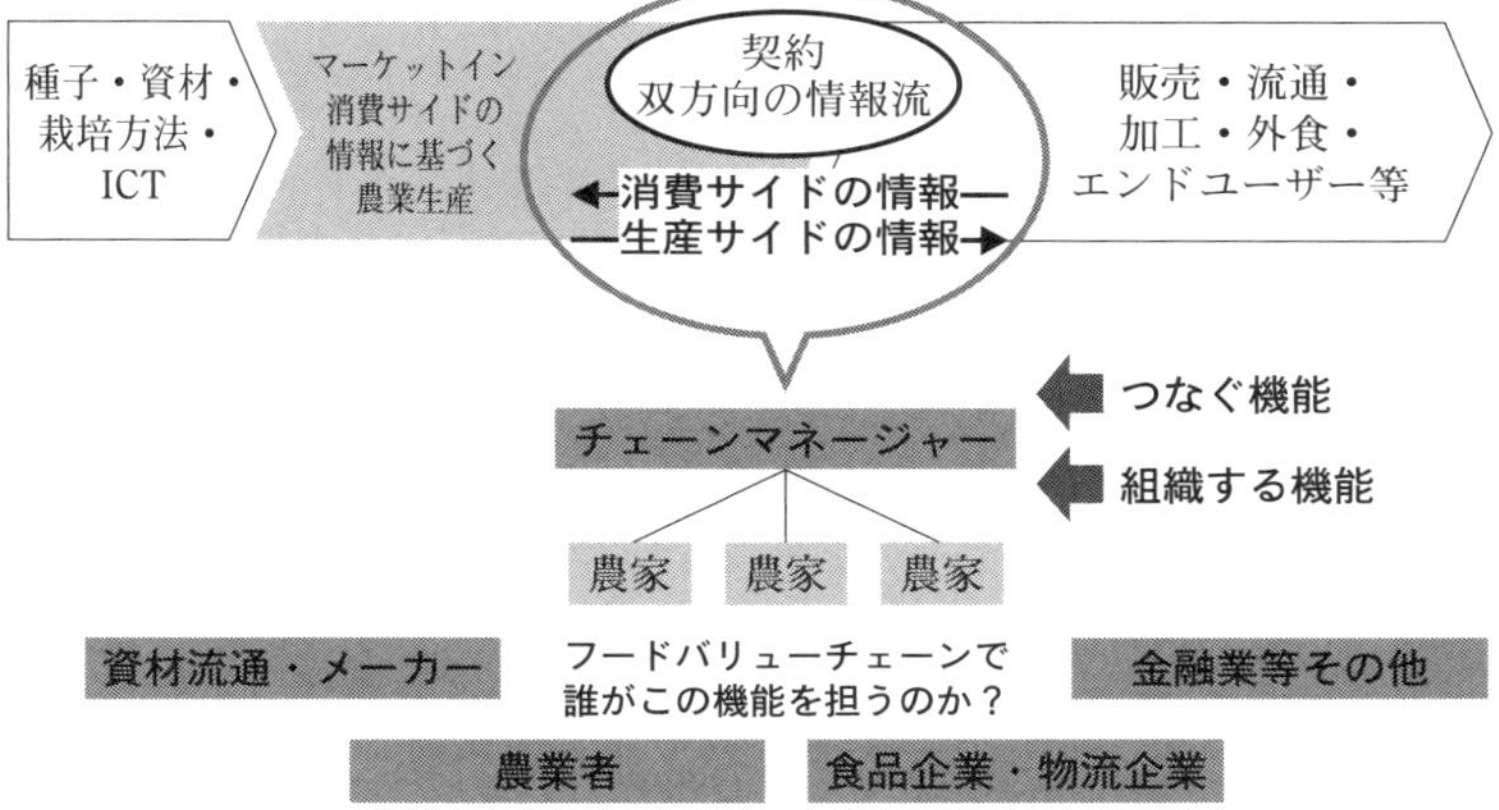

の零細性を、複数の農家の組織化で乗り越えようとする。こうして傘下に入った農家の農業も必然的にフードチェーン農業となる。本書では、傘下農家を「受動的フードチェーン農家」といっているが、彼らに参加してもらうには、チェーンを作るロジックに共感してもらいそれを共有してもらう必要がある。

チェーン全体の最適化を図るために、農業ビジネスの変革を促し、他方で他の農業者の参加を促すのがチェーンマネージャーだとすれば、彼らは、チェーンの構築者であり、かつ農家の組織者であり、バリューチェーンのイニシアティブを握るイノベーターということになる。

それを実際に誰が担うかといえば、現実には、農業者と食品企業が担うケースが多い。食品企業の中でも、食品流通企業と食品加工企業が最も多く関わっている。

ただ、理論上は、フードバリューチェーンに関心をもつすべての事業者が担い手になり、中でも可能性のあるのが外食企業や物流企業、資材商・資材メーカーなどである。また、バリューチェーンの支援機能を担う信金・信組、地銀などの地域金融機関なども可能性としてなくはない。

外食企業は流通企業と提携しながらチェーンマネージャーになったり、自ら農業に参入するケースもある。物流企業には、流通の機能も担いながら、農家とスーパー（食品流通企業）を結びつけるなどの動きがある。また、資材商・資材メーカーは農業者の技術開発と関係しており、金融機関では、企業参入の融資を扱う際に流通業者等と農家を結びつけて貢献するケースがある。

つまり、農業と何らかの関係をもっている事業者は、すべてチェーンマネージャーの可能性をもっているということである。

ただ、いずれの場合でも食品流通業などとの連携が必要となり、実態として食品企業の役割が大きくなっている。他方、企業バリューチェーンの場合にも、やはり食品加工メーカーなど食品関係の事業者が多い。

実際には、農業者と食品企業がチェーンマネージャーとなっている

フードチェーン農業の分類と農業者がチェーンマネージャーとなるケース

フードチェーン農業は、有り体にいえば食と農が連携する農業であり、農業者と食品企業がチェーンマネージャーとなるのは、彼らがいずれも片方の当事者といった事情による。

図表3-2　チェーンマネージャーの違いによるフードチェーン農業の4類型

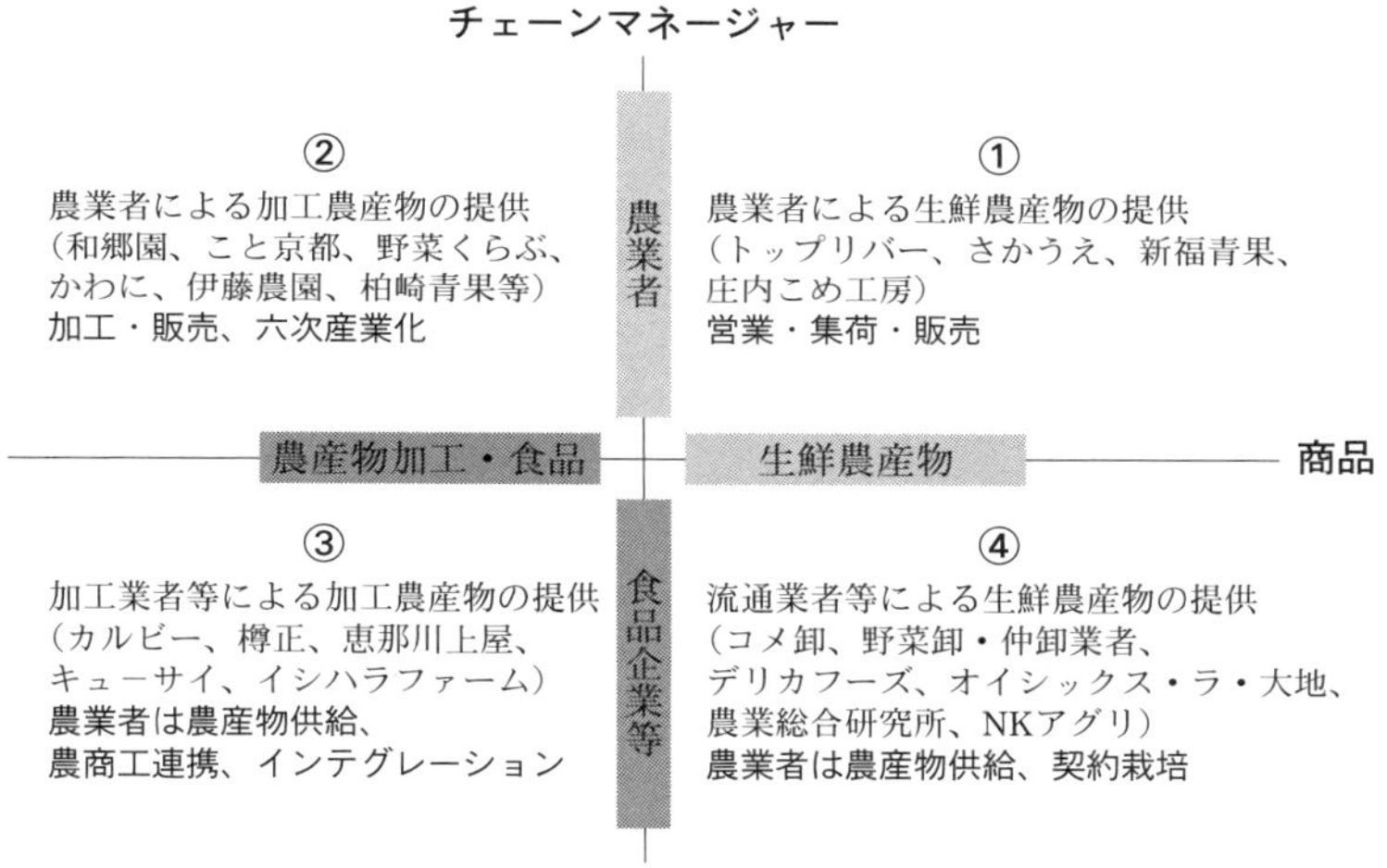

この章では、フードチェーン農業によって日本農業がどのように変わってきているのか、具体的に紹介しようと考えているが、その前に、実際に行われているフードチェーン農業を、チェーンマネージャーと、その扱う商品で分けてみようと思う（図表３－２）。

図表３－２は、マネージャーをY軸に、扱う商品をX軸に取っている。Y軸の上が農業者、下が食品企業で、X軸の右が農産物販売、左が食品（農産物の加工品）販売である。

農業者がチェーンマネージャーとなっているのが、図の上側の①②で、食品企業が行っているのが図の下側の③④である。

まずもって農業者がチェーンマネージャーとなっているケースである。すでに多くの農業者が自らマネージャーとなって、フードチェーン農業を行っているが、中でも本書で取り上げている代表的な経営には、次のような経営がある。

野菜経営としては、トップリバー（長野県）、和郷園（千葉県）、野菜くらぶ（群馬県）、こと京都（京都府）、（株）さかうえ（鹿児島県）、新福青果（宮崎県）などがいる。それにコメ農家である庄内こめ工房（山形県）、舞台ファーム（宮城県）、大潟村あきたこまち生産者協会（秋田県）などである。

第2章であげたコメ農家は、どちらかといえば、コメ卸傘下でフードチェーン農業を行っている経営者なので、食品企業がマネージャーとなる方に分類している。そうした農家にはフクハラファーム（滋賀県）、穂海農耕（新潟県）、横田農場（茨城県）、染谷農場（千葉県）などがある。この中には、穂海農耕のように、すでに自らチェーンマネージャーの役割を担っている経営も出ている。

畜産農家でも、ジェリービーンズ（千葉県、養豚農家）や、オヤマ（岩手県、養鶏農家）などのフードチェーン農業を行っている農業者もいる。ただ畜産では、フリーデン（神奈川県、養豚）やイセ食品（埼玉県、養鶏）のように、食品企業がマネージャーとなった企業バリューチェーンとなっているケースが多く、これらは分類上別にしておこうと思う。そうしたことから、ここで紹介するのは、主に野菜とコメに集中することになる。

農業者がチェーンマネージャーとなっているケースでは、生鮮農産物をメインにすることが基本となっているものの、実際には生産の規模拡大につれ農産物加工を行うケースも多くなっている。図表3－2の第1象限（①）に位置するものと、第2象限（②）の区分けは希薄になってきつつあり、2020年以降はさらになくなっていくのではないかと考えている。

生鮮農産物販売のフードチェーン農業では、約1億から10億円強程度まで販売額を拡大しており、その中から本書では、トップリバーと庄内こめ工房を紹介してみた。また生鮮だけでなく加工食品も同時に扱うようになると、一般論としていえば、10億円から50億円程度まで販売額は拡大する。そうした中から本書では和郷園と「こと京都」を紹介する。

加工を行っている農業者には、いわゆる六次産業化とも呼ばれる農業者がいる。これもフードチェーン農業の一種だが、農家が一人ですべて行うため企業バリューチェーンとなり、他の事業者とのアライアンスが希薄になる。本書では、技術開発などで特色を出し、独自のマーケティングを行っている事例として伊藤農園（和歌山県）と「かわに」（石川県）を紹介する。

ところで、農業者がチェーンマネージャーとなっているフードチェーン農業だが、気になるのはそれがわが国にどの程度浸透しているのかである。私は、どんなに少なく見積もっても、全国にすでに1千戸以上は存在していると推測している。農家数の0・1％程度である。

大規模農家1・7万戸（2015年センサス）のうち、1億円以上の販売農家は6549戸であり、その一部の農家にプロダクトアウトの農業者がいるものの、それでも少なく見積もってその半数近くは、フードチェーン農業を実践している経営である。その数は3千を超えるが、その中から、さらに地域のリーダーとして近隣農家を組織している農家は、3分の1の1千戸近くになるのではないかと考えている。47都道府県でみれば、県によって濃淡はあるものの、一つの県で20戸から30戸はそうした農家であり、全国1千戸という数字もあながち間違ってはいないように思っている。

食品加工業者がチェーンマネージャーとなるケース

食品企業がチェーンマネージャーとなるケースは、図表3－2の下側である。この場合には、農業者の場合と違って、加工業者が加工食品を提供するケース（第3象限の③）と、流通業者が農産物を提供するケース（第4象限の④）に分かれている。

図表3－2の第3象限の③が「食品加工業者」が担うケースである。

農家と契約栽培し、缶詰やジュースの原料とする事例は昔からあった。そうしたケースでは、加工メーカーに買いたたかれるといわれてきたが、このケースは、それとは違い加工メーカーが質の良い原料農産物を確保するために農家とお互いに納得しながらウイン・ウインの関係を築こうとするもので、付加価値の高い農業にしようとする特徴がある。品質の良い農産物を使用することが、農産物加工品の価値を高めると考える商工業者がチェーンマネージャーとなって、新商品開発などで農産物の付加価値を高めるタイプである。本書では、カルビー（東京都）と恵那川上屋（岐阜県）の事例を紹介する。

カルビーは「市価の2倍で馬鈴薯を買い、市価の三割安く製品を売る」をモットーとしており、そのかわり「自社の仕様に合えば高く買うが、合わない芋はいらない」としている。農商工連携型のフードチェーン農業は、すべからくこうした加工業者と農家がお互いが条件をもって寄り合い、相互に情報共有しながら両者が切磋琢磨してメリットのある関係を構築しようとしている。

このタイプには、他にも企業の農業参入がある。企業が直接農業生産を行ってさらに加工して出荷する、企業の六次産業化とでもいうようなスタイルである。成功裏に進んでいる企業には、イシハラフーズ（宮崎県都城市）やワールドファーム（茨城県つくば市）があるが、本書ではイシハラフーズを紹介する。

さらに企業の農業参入には、インテグレーションと呼ばれるものもある。わが国では1970年代から、養豚、肉牛、養鶏、採卵鶏といった畜産業で多く見られたものである。日本ハム系列のインターファームや、ホワイトファーム（青森県）、三井物産系のプライフーズ（青森県）や三菱商社系のジャパンファーム（鹿児島県大崎町）がある。農業者とのつながりはなく、およそ400億円クラスの販売額をもっている。この他にも、フリーデン（神奈川県）やイセファーム（埼玉県）など畜産では200億円を超すフードチェーン農業があるが、チェーンのつなぎ方は、いずれも企業バリューチェーンである。

こうした企業の場合、自社内に研究開発部門をもつなど技術的にも高い水準を維持しており、利用する飼料や農業資材も自己調達するだけの資本力もある。農産物の貯蔵や物流等への配慮も十分なものがあり、総じて生産性の高い農業を実現させている。

食品流通事業者がマネージャーとなるケース

図表3－2の第四象限の④は、食品流通事業者がチェーンマネージャーとなるケースである。扱う商品は生鮮農産物である。

このケースも、農家とスーパー等の契約栽培など、昔からあったスタイルである。ただ、生鮮農産物のマーケットは変動が激しく、品質劣化も起きやすいことから、かなり細かい対応が必要となる。市場動向に敏感になる仕組みが必要とされ、その要望に応える農業を行うことが、最も適確なマーケットイン農業になる。それにもかかわらず、契約栽培は、クレームの山と先に指摘したように、普通の農家にはハードルの高いものだった。

そこに近年、間に卸などの流通業者が入り、流通システムの改革と、農家と一緒に農業生産工程の改革をめざすなどして、それを乗り越え、コンスタントに要望に応えられる仕組みを作り出している。

本書では神明（兵庫県）などのコメ卸、青果卸や仲卸業者、デリカフーズ（東京都）、オイシックス・ラ・大地（東京都）、農業総合研究所（和歌山県）、ＮＫアグリ（和歌山県）といったところを紹介する。

流通事業者の関与の仕方には、農産物の販売代行や流通仲介、流通の場の提供など、様々なバリエーションがある。いずれも農業者と実需者、あるいはエンドユーザーを合理的につなぐことをめざしている。農産物を単に右から左に流すだけでなく、ユーザーの要望や市場動向を生産サイドに届け、農産物生産の特徴や生産サイドの情報を市場サイドに届けるなど、情報の相互流通を同時に行いながら、流通を合理化し、生産サイドの改革を促す点に特徴がある。

それができるのは、昔の契約栽培と違って、フードチェーン農業は、マーケットインやそれによるイノベーションを農業者とチェーンマネージャーとが共有しているからである。これも第2章で述べた団体戦の一種である。

農家はいずれの場合も食品企業への農産物提供者という位置づけになるが、その農産物は農家が自分で考えるようなものではなく、チェーンマネージャーが必要と考える品質や特性、価格等をもったものである。そうした特性の農産物生産を行うために、チェーンマネージャーは、農家と一緒に開発に取り組んだり、マーケット情報を頻繁にかつ適確に伝える仕組みを作ったりしている。そのことによって、農業のボトルネックを解消するイノベーティブな動きを農業サイドに作っている。先に紹介した稲作で100ヘクタールを超える経営はこのタイプだが、野菜・畑作経営などでも同様のやり方で100ヘクタールを超える経営が現れてきている。

以下、日本の代表的な「フードチェーン農業」を紹介しよう。

2 農業者が作り上げるフードチェーン農業から日本農業の可能性がみえてくる

営業活動は、生産活動の倍の重みがあると考えたトップリバー

野菜の販売額13億円、連結で20億円弱あげているのが、トップリバー（長野県）である。マーケットインの農業、顧客のニーズに基づいたフードチェーン農業を２０００年の創業以来続けている。

嶋崎秀樹代表取締役は会社の取り組みを次のように語る。

普通の農家の場合、まず自分の畑に何を植えるか考え、次に採れたものをどう売るか考える。だがトップリバーの場合は逆、まず需要ありきで考える。契約の段階で、この業者は、この日に50ケースのレタスを求めているということがわかれば、それを基準に栽培計画を立てる。

お客さまの求めるものを確実に届け、その上で商品に見合った値段はいただくという。これほどわかりやすくフードチェーン農業のコンセプトを語る農業者はそう多くない。求める野菜は顧客によってまったく異なるので、必要となるのがニーズを聞く営業部門である。嶋崎社長は、経営成果（販売額）への貢献は、農業生産が1だとすると、営業はその倍の2あると営業の重要性

を指摘する。

トップリバーは、長野県北佐久郡御代田町に本社を置き、近隣の遊休農地を借り上げて自社農場として野菜を生産し、栽培面積は100ヘクタールを超える。生産品目は、レタス、キャベツ、白菜、ほうれん草といった高原野菜である。外食・中食業者、それに食品スーパーやコンビニなどの流通業者との契約栽培がメインで、これら業務用の売上が7割にのぼり、顧客数は40〜50社になる。

100ヘクタール強の作付のうち、自社生産33ヘクタール、従業員は約30名である。自社農場は、佐久市御代田第1農場から第3農場（17ヘクタール）、富士見農場（8ヘクタール）、静岡県浜松農場（3ヘクタール）、千葉県袖ヶ浦農場（4ヘクタール）、育苗圃（0・5ヘクタール）等と分散している。これに約30名の農家に参加してもらっている。

トップリバーは、独立就農をめざす若者を社員として雇用し、4〜6年ほどの経験を積んで独立する支援をしている。そうして独立した農家が、全国に約30人いる。そのうち長野県で就農する若者は、トップリバーの販路に乗せているので、こうした農家の販売額を連結してトップリバーの販売額は約20億円程度まで拡大することになる。

フードチェーン農業のメリットと課題を嶋崎社長は次のように語る。

価格を決めているので、相場に左右されることが少なく、非常に安定した収益が見込めることになる。もちろん、相場が高騰したときは、相場価格よりははるかに安い価格で納入しなければならないが、逆に相場が暴落しても大きな損失を被ることはない。

また、数量を決めているので、事前に売上の目処が立ち、計画的な生産を行うことができる。必要とされる作付面積、出荷時期に合わせるためには、いつ定植や追肥をしなければならないか、そうした生産計画をあらかじめ作り、それに基づいて進めていくことができる。もちろん、農作物の栽培であるから、常に不測の事態は起こりうる。そうした不測の事態への対処法は準備しておかなければならない。

計画的な生産と、そのための工夫が大事だというのだ。

営業がまとめた、取引数量、取引価格、納入時期、農産物の仕様等に基づいて、生産部門がそれにそった生産計画を作り、計画を達成するための方策を必死になって考えるといった事業スタイルである。

具体的には、生産部門が、各生産農場の年間の旬別（10日ごと）の栽培・出荷計画を前年の12月までに作成し、これをもとに旬別の年間出荷予定量を1月までに作成する。他方、この間営業部門が得てきた受注量と2月までに突き合わせて各農場の生産・出荷計画を修正する。

これらの作業をもとに、作付面積、播種日、定植日、収穫日、規格、収穫量を最終決定し、各農場に通知する。播種日や定植日などは、出荷量を入力すると自動的に算出するソフトを使っており、農業経験が浅い従業員でも計画を立てることができるようにしている。他方、生産量が受注量を上回る時期については、営業が新たに販売先を開拓するか、あるいはすでに契約した先に新たな受注を求めるかして販売量の拡大を図る。

これは、マーケットインによる事業拡大という、典型的なフードチェーン農業のスタイルである。このプロセスで、流通業者との販売提携や、資材業者やICT業者等々との技術提携などが多様に結ばれている。

この本を出す直前、たまたま嶋崎社長と会った。彼は、販売は安定して伸びており、むしろ今後を見通した生産工程の構築が重要になってきたという。生産が1だとすると営業が2だといっていたが、いまは営業が2だとすると、生産・作業システムの改革が2・5の重みになっていると述懐していた。販売量は十分に確保しており、作業工程での改善が大切になってきているということだ。これについては、第5章のICT農業のところで紹介するが、フードチェーン農業のPDCAサイクルが確実に回っている証でもある。

食管法時代からコメの需要に気づき、販売先を開拓した庄内こめ工房

近年は、コメの集荷・販売に乗り出し、コメのフードチェーンを形成する農家も増加しつつある。

コメの集荷・販売に農業者が乗り出すのが難しいのは、その代金が膨大になるからである。買い取りは出来秋になるが、そのコメが収穫期（秋）にすべて売れるわけではない。コメは年間を通じて売っていく商品であり、代金回収が長くなってしまう。こうしたことから、出来秋には巨

額な資金を必要とするが、こうした資金を準備できる農家はほとんど存在しなかった。

庄内こめ工房は、そうしたなかで最も早くからコメの生産・集荷・販売に打って出た農業者である。

庄内こめ工房の売上は、約6億円弱、コメの扱い量4万3千俵。そのうちの65％、2万8千俵を傘下の農家グループおよそ120戸（300ヘクタール）から買い取って販売している。傘下にある農家はほとんどが専業農家で、平均7ヘクタール、最大20ヘクタール。120戸の農家の総面積約800ヘクタールだが、個人で販売している農家もあり、そのうち300ヘクタールほどを庄内こめ工房が買い受け販売しているということだ。

1993年の冷害凶作を受けて、農村には多くの購入希望が集まっていた。庄内も例外ではなく、1万俵単位のオーダーが舞い込むようになっていた。これをビジネスチャンスとみた社長の斎藤一志氏は、養豚事業を続ける一方、もう一つの柱としてコメ販売を積極的に位置づけようと考え庄内こめ工房を立ち上げる。

しかし、翌年からの需給環境は一変してコメ余りに転じ、販売先を積極的に開発しなければならなくなった。売り先を考えざるを得ない状況に追い込まれたのだ。ここから庄内こめ工房としての営業が始まる。当時はまだ食管法の時代である。そうしたなかでも、多くの卸と交渉を続けていたが、すかいらーくなどの実需者の方が価格条件がいいこともあり、大手の外食産業、大手ドラッグ・ストア、スーパー、大口小売業者などとの取引へ徐々にシフトしていくようになる。

そうした営業活動を四半世紀にわたって行ってきたが、近年はふるさと納税の返礼品のボリュームが大きくなっているという。

それぞれの専業農家が腕によりをかけて作るものだけに、栽培品種や手法は多岐にわたる。品種は、はえぬき、どまんなか、つや姫、コシヒカリ等多種に及ぶ。栽培方法は、減農薬から無農薬栽培、アイガモ農法やJAS有機認証等々といったものがあるが、あえて、画一的な栽培基準は設けず、逆に、農業者の多様な栽培方法を販売の段階で訴え、メリットに変える手法を取っている。

このあたりは、実需者のニーズを把握してから生産計画を立てる普通のフードチェーン農業とは少々異なっている。しかし、専業農家だけに、ある程度栽培手法や品質維持には信頼を置いており、その上で実需者の要望に応える最低限の品質管理や価格対応に強みを発揮できるよう努力している。

そのためにしていることは、第一に検査基準の厳格化である。庄内こめ工房は、農家の検査申請の支援業務を行っている。検査には分厚いマニュアルに準拠しながら膨大な資料作成を強いられる。農家の負担が大きいので、これらの負荷を軽減すべく、情報システムを開発して対応している。検査システムは農協よりも先行しており、農協が庄内こめ工房の検査水準に追随せざるを得なくなっている。

第二に品質管理である。そのために長期保存が可能な収容力5万俵の低温倉庫を設け、特に年を越してからの通年供給可能な体制を作っている。また、コメの顧客納入要件を満たすために、色彩選別機などを含む高機能の精米機械を導入、これらのために、合計1・5億円の設備投資を行っている。

第三に、圃場でのコストダウンにも配慮している。農家の経営にとってコンバイン費用の削減はインパクトが大きい。だが、皆使う時期が同じなのでレンタル等が成り立ちがたい世界だった。そこで千葉県（9月5日ごろまでに使用）と山形県（9月20日以降に使用）での収穫時期が異なることに着目し、千葉県の農家グループと組んでコンバインのレンタル事業を行っている。一つの機械を両県で使え、コストダウンにつなげている。

第四に、付加価値生産をめざし、2010年、加工事業（精米・もち製造）を行う㈱まいすたあ（資本金3240万円）を関連会社として設立している。精米の単価下落に対応し、利益の出しやすい餅を取り扱うためである。

買い取り販売に関わるリスク（販売先、価格、資金手当、代金回収等）はすべて庄内こめ工房が取っている。農家との販売契約は2月申し込み、10月1日1俵1万円の支払い、11月16日1俵1千円程度振り込み、12月のクリスマス前まで、庄内こめ工房の販売予定を確定させ、農家に精算金を支払う、といった流れになっている。その資金は、きらやか銀行（3分の2）と山形銀行（3分の1）の協調融資で、毎年短期で3億円弱借り入れるという。

マーケットインの経営で、多事業に取り組む和郷園

和郷園は、1996年有限会社としてスタートした会社である。木内博一社長は、消費者が求めているものを作り、売るというマーケットインの考え方を軸に、農業をビジネスとして確立していこうと考えたと端的に表現する。

和郷園の本体事業である生鮮野菜販売は18億円である。それに、野菜加工事業19億円が加わる。さらに、リサイクル事業2億円、レストランのある道の駅（風土村）が4億円、農園リゾート、ザファーム等々の事業がある。農産物の販売・加工・サービス等々の多事業化で50億円弱の販売額を上げ、70億円をめざしている。

農産物の販売、加工といった側面に絞ってみると、現在、約50社（スーパー系15、生協系11、外食系20社、その他5社）の大手クライアントと契約しているが、自社の生産能力や各取引先のバランスを考え提案しながらの営業となっている。

営業からの情報をもとに作付け計画を作り、和郷園の農家グループ農事組合法人和郷園が実際の農業生産を担う。傘下には農家が91戸参加している。野菜農家が41戸、花や苗生産農家が約50戸である。野菜農家の1戸当たり平均販売額は4千万円から5千万円程度をあげている。家族に従業員が2人程度、それにパートが10名程度いるといった経営である。

傘下にある農家は、日本の農業の中では、十分に大規模農家である。それでもマーケットイン

の発想が農家に定着するには20年近くかかったと木内社長はいう。

さらに、農家は単独では生きていけない。ニンジンや大根を作っても、流通や小売りのお世話にならなければ、消費者には届かない。それが農家の宿命でもあるし、強みでもある。食を媒介にして、様々な分野と関わることが可能だが、その場合に心がけるのは、ウイン・ウインの関係、古いいい方でいえば三方よしの関係である。事業に関わった者みんながハッピーになることが大事で、そうでなければその事業は成功しない。成功しても、一時のもので終わってしまう。

こうして木内社長は、マーケットインに端を発するフードチェーン農業を理念としながら着々と実践することによって、50億円弱の会社を作り上げた。

カット野菜の需要に気づき、九条ねぎを拡大したこと京都

こと京都は、九条ねぎの生産販売と、カットねぎをはじめとする加工事業により、約15億円へ急成長した会社であり、２００億円をめざし、いまなお拡大している。

山田敏之代表は、アパレル業界から脱サラして32歳で就農した農家の次男。最初の１９９５年は、４００万円、翌年が７００万円。１億円を目標に就農したのに、農業はなんて儲けがないんだと感じた。作業効率を考え九条ねぎに絞り周年生産体制を築くが、それでも、生鮮九条ねぎの需要は飽和状態だった。

そうした中で、カットねぎの需要に気づきラーメン店への飛び込み営業をかけてみる。洋服の

営業は、門前払いが多いが、ねぎの営業は面白いように受け入れてもらったと、底堅い需要を実感する。2000年に九条ねぎのカット加工へ進出、10年カット工場を開設し、約3・4億円の売り上げへと拡大した。それが順調に拡大し、15億円までになっている。

その間、自前の農場は30ヘクタールまで拡大、生鮮ねぎの販売額シェアは35％まで低下するが、代わってカットねぎや乾燥ねぎなどの加工品が65％と拡大する。

加工品比率が多くなるにつれ、顧客の要望と、加工の進捗、さらに農業生産との時間単位でのマッチングが大きな経営課題となっており、バリューチェーンのシステム化（最適化）を図ろうとしている。

現在、外食・中食業者、量販店、生協、通販業者、食品加工メーカーなどあらゆる業態との取引を行っているが、顧客への加工農産物を提供する販売管理システムと、そこから得られたデータをもとに、日にち単位、時間単位での需要予測を立て、この予測を農産部に伝え、収穫作業の調整を行うという流れを作ることが、最も重要な日常業務になっている。

販売情報を農業生産に結びつけるための精度をあげていくことが、こと京都にとっての最大の経営課題ということだ。そこにはカットねぎの特徴がある。生鮮ねぎとは異なり賞味期限が製造日を含めて4、5日と短い。また取引先によっては、発注が届いてから商品出荷までの時間（リードタイム）が2時間ほどしかない。このため、需要予測が正確であればあるほど、製品ロスが減り、短いリードタイムにも対応ができ、顧客を逃さないですむ。

法人設立当初は、山田社長が過去データおよび勘により需要予測をしていたが、売上および取引先が増えるにつれ、販売管理の精度を高める必要性が高まった。販売管理は当初、同社が開発した独自のソフトを用いていたが、２０１４年からシスポート社の製品を使うようになった。

同社の社員間のコミュニケーションにはメール以外に、チャットとＬＩＮＥが活用されている。チャットは社員が広く知っておくべき情報を共有する手段で、受注の状況、顧客からのクレーム、申し送りすべき事項などがリアルタイムでやり取りされる。一方、ＬＩＮＥは部署内の人だけで共有化するツールで、社員やパートの休み、作業開始および終了の時間などを入力し、部署内で確認し合っている。

顧客からの注文を受け、製造および出荷に至るシステムは確立されているものの、一部の注文は依然として電話やファックスによるものであり、顧客から注文したはずの商品がまだ届かないといった問い合わせがたびたびあり、社員が対応に追われていた。そこで、同社は現在、イーサポートリンク社と連携し、こと京都の専用アプリを開発した。これは、アプリを通じて外食業者からの注文をいつでも受けられ、送った商品の配達状況を発注者がスマホで確認できるといったものである。こうしたアプリの運用によって、同社社員の電話対応にかかる労力を減らすことができた。

さらに、現在行っている時間単位の需要予測の精度を上げるために、顧客からの注文が届くのを待つことなく、同社自らが販売数量を予測し納品する自動送り込みシステムを開発した。それは、ある居酒屋でどのぐらいねぎを使うかを過去の実績、曜日や天候などをアルゴリズムを用いて予測し、発注量を確定させて（注文を待たずに）顧客に送り届けるというものである。人手不足で悩む外食業者をサポートするシステムとなり、同社にとってもより効果的なフードバリューチェーン構築の一助となると期待している。

農業の生産体制は自社農場30ヘクタールの他に、傘下に「ことねぎ会」を組織して20名弱、20ヘクタールの農家を組織している。当然のことながら、生産・販売計画から関わり、GAPの認証取得や各種勉強会への参加を条件としている。

いわゆる六次産業化というフードチェーン農業

ここでは六次産業化といわれる事例を挙げようと思う。六次産業化は、加工や販売サービスなどの事業を農業者自身が行うことから、川下事業者との販売提携や、資材業者等々との技術提携は弱く、その事業への他の農家の参加も通常はみられず、経営内で完結する企業バリューチェーンとなっている。

六次産業化での加工の内容や、加工する作物は多様である。トマト生産者のトマトジュースや、ミカン農家のかんきつジュース、梅生産者の梅干し、サツマイモ生産者の焼き芋ペースト、ニンニク生産者の黒ニンニク加工等々多岐にわたる。六次産業化の中には、農家一人ですべてを考えるため、事業拡大に困難を抱えるケースも多いが、逆に事業拡大に成功すると、産業バリューチェーンも考えざるを得なくなり、参加農家を募るようになる。ここでは、六次産業化の中でも技術革新に成功して差別化を図った伊藤農園と「かわに」の二つを挙げる。彼らはそもそも企業バリューチェーンの農業を行っていたが、それぞれ、独自の搾汁技術開発や焼き芋ペーストという新商品開発に成功し、そののち、独自のマーケティングで売上を伸ばし、それを契機に様々な事業者との連携を進めている事例である。

伊藤農園

伊藤農園は、有田ミカンの生産、搾汁、加工、販売を手掛ける年商6億円の会社である。売上高の1割が生食用ミカンで、9割がジュースなどの加工品である。

明治の中ごろにミカン問屋として創業、ミカンの輸送業を営む傍らミカン栽培へも進出していた。現社長の伊藤修氏が就農したのは1972年。搾汁・加工を始めたのが85年で加工に取り組んですでに30年を超えている。

搾汁・加工のきっかけは、規格外品のミカンの存在。ミカン栽培では、平均して2〜3割の規格外品が出るが、生食用のキロ200円ぐらいに対し5円程度とあまりにも安いためほとんど畑に捨てられていた。しかも、ミカンは売る期間が限られ、冬場は忙しいが夏場の仕事がなくなる状態にあった。

そこで考えたのが、ジュースだが、これだと規格外品に付加価値が付き、年間出荷も可能となる。ただ、自社ジュースを売るには何らかの特徴がなければならない。規模の小さな農家がジュースを作っても、まともに戦えるものではない。

そこで、伊藤農園は徹底して渋みを除く独自製法を考案し、ジュースの差別化に成功した。この独自製法の開発により、伊藤農園は次々と新しいジュース製品などの商品開発をしていく。

営業と商品開発は車の両輪と考えており、営業で要望されて開発した新商品もあれば、開発して営業をかけることもある。中でも通販は、同じ商品ばかりだと目にしてくれなくなり、どんどん新しい商品を作っていく必要があり、会社では専務（息子）が中心になり、皆の知恵を集め、会社全体で商品開発に取り組んでいる。原料は、自社農園と100戸ほどからなる契約農家から得ている。農協仕入れより2〜3割高く仕入れており、この30年間で近隣樹園地を7ヘクタール取得、賃借で農場を拡大している。六次産業化とはいえ、すでにフードバリューチェーンを意識している。

かわに

有限会社かわには、金沢市の五郎島金時生産農家の河二敏雄社長が焼き芋加工のために立ち上げた、事業規模1億5千万円の会社である。商品は焼き芋を一本まるごとパック詰めにする焼き芋パックと焼き芋ペーストで、付加価値の特に高いのがペーストである。

きっかけは、菓子業者からの相談である。イモは裏ごしし、つぶすのに手間がかかる上、サツマイモを菓子原料に使うにはコストが合わず、二の足を踏んでいるという。だが、「かわに」にしてみれば、手間はかかるが、皮をむいてミキサーなどでつぶすだけで複雑な加工技術もいらず、そう難しいものでなかった。そこで誕生したのが、焼き芋にしたあとでそれをペーストにする焼き芋ペーストである。お菓子の素材としてよく売れるようである。

五郎島地区には市場に出せない規格外の芋が１００トンはあり、規格外の芋の買値を他産地の約3倍と高く設定した。１キロのペーストを作るのに五郎島金時を１・５キロ必要とする。ペーストを作れば作るほど、必要とするサツマイモが１・５倍の比率で増えていく。やめる農家が増え産出額も低迷する中で五郎島金時の産地を元気づけることができるという。２０１９年時点でもペーストの売上は伸びている。

3 食品企業が導くフードチェーン農業からみえてくる連携の強み

農家の品質向上、生産性向上のためにフィールドマンを配置したカルビー

食品加工業者（製造業者）がチェーンマネージャーとなっている企業としてカルビーの例を出しておこう。カルビーは馬鈴薯を原料にポテトチップスやじゃがりこ等の菓子商品を作る会社である。

馬鈴薯の購入代金はおよそ200億円。製品の売上は国内2000億円、連結で2500億円弱の会社である。1900戸の農家と契約し、栽培は農家が担うが、それ以外はカルビーが担う。特にカルビー仕様の馬鈴薯を栽培してもらうために、60人にもなる「フィールドマン」と呼ばれる社員が栽培から収穫まで契約農家に細かく指導する。

傘下農家の圃場はおよそ7千ヘクタールほどあるが、「全圃場・全工程管理」といって千数百項目のチェックリストを作り、これをもとに工程を標準化して、客観的データで生産性や品質の向上をめざしている。こうして1戸の農家のカルテができあがり、一人ひとりの生産者に合ったサービスができるようにしている。経験や勘ではなく、カルテ化することによって、データで農場の見える化を進め、そのデータをもとにした農家指導をフィールドマンたちは行っている。

当初は、生産量を知らない農家も多く、それをはっきりさせた上で、例えば、種イモの植え付け深さはいくらぐらいの人が成功しているか、どの機械を使っている人の植え付けがうまくできているか、どの肥料を使っている人が成功しているか、等々のデータを示していく。規定の範囲内に入っていない人がこんなにいる、この人たちがもし収穫できていたらこれくらい収穫できた、というようなシミュレーションもしてみせる。その上で、個別指導を行っている。

特に、悪い人たちのうちの10%を徹底的に改善してもらう「ワースト10運動」が効果があるという。品質を安定させるために多少のインセンティブを示しながら、データに基づきながら「参加していただいている農家の生産をきちんとしていただく」取り組みが「全圃場・全工程管理」

である。

カルビーポテトのフィールドマンは、経験や観察から入って最後にロジックへをスローガンに、農家のノウハウの吸収から始め、徐々にフィールドマンの技術を確立し、逆に農家に教えていくというプロセスを作りあげている。ジャガイモの技術に関しては、今では国の試験場よりもはるかに上をいく企業集団になっている。

農家同士も、ワースト10運動など公表された技術評価をもとに、勉強会などを行い、相互に切磋琢磨しながら品質と収量の両方で最高の実りをめざしている。

他方で、生産者と消費をつなぐ一連のプロセスを見える化するために「三連番地方式」という管理方式をとっている。

これは、自社の加工用馬鈴薯が、どこの圃場で作られ、どういった流通で加工工場にたどり着いたかを確定できるシステムであり、商品の使用場所と時期、そのための馬鈴薯の①生産地、②格納している貯蔵庫、②商品化された工場などをつないで番地管理するサプライチェーンシステムである。

貯蔵庫は産地とセットになっているが、産地にありながら貯蔵庫にはマーケットの名前がついている。流通、輸送はトラック・JR・船・バラなどがあるが、バラのスチールコンテナには生産者の名前がついており、トラブルがあるとクレームがこの人に来る仕組みになっている。これによって、食の問題が起きたときでも、原料から製造、販売までの履歴をたどることができるようになっている。これだけ産地から製品までみえるようになれば、できたての製品を提供できるし、もしそれがクリアできなかったら、なぜクリアできなかったかを突き止めることもできるという。

超特選恵那栗の生産・拡大をめざし、農家と部会を作った恵那川上屋

岐阜県の恵那川上屋は栗を原料とする菓子店で、18億円の販売額があり30億円をめざしている。超特選栗部会などおおよそ１００戸ほどの栗農家と契約している。

市場から栗の調達をしていたのを、品質の良い、地元の栗がどうしてもほしくて、高価格で全量買い取る仕組みを考えたのがそもそもの始まりだった。まず１９９４年（平成6年）、恵那郡坂下町（現・中津川市）の栗団地内の農家12戸と出荷契約を結んだのが始まりだった。その際、今までの値段では農家の意欲がわかない、もっと高く仕入れようと考え、相場の１・５倍から２倍で買い取ることにした。非常に勇気がいったという。その代わりに「質の良い栗を入れてください」とお願いし、栽培や出荷の条件をあえて厳しく設けた。

その実現に向けて栗農家と一緒に品質向上に取り組むことになったことが、その後の展開では大きかった。

栗名人の異名を取る塚本實先生が超低樹高栽培を開発してくれ、塚本先生の指導のもと、農家と一緒に土づくりから始め、新たに定植し、そして超低樹高栽培に取り組んだ栗を超特選恵那栗

として格付けした。超特選栗部会という生産者の組織を作り、川上屋が全量買い取る仕組みを作った。

超特選栗部会が毎年開催する目揃い会は、生産者すべてが集まる研究会のようなものになり、品質選定の基準を共有するだけでなく、土づくりや剪定などの技術力向上の場になっていった。また、技術力が高く、経験の豊富な生産者を剪定士と認定する「剪定士認定制度」を作り、技術向上のための取り組みを行っている。

超特選栗を恵那川上屋が全量買い取る仕組みが確立するにつれ、契約農家も東濃地域内にだんだん増え超特選栗部会の登録農家は１００戸近くになった。納入先や価格が保証されたことで、栗農家にとっても大きな励みになったのである。

現在、坂下・中津川の農家との契約出荷は軌道に乗っているといっていい。品質が良くなり、歩留まり率が上がる分を価格に反映させている。その結果、恵那栗の収穫量も着実に増加し、年間の生産量は、初年度の10トンから10倍の１００トンを超え、買取価格は当初のキロ５００円から８００円（超特選恵那栗の早生種・Ｌサイズ）と高くなり、市場価格の１・５倍から３倍となっている。

川上屋の売上も、契約出荷開始時の約1億円から約18億円まで伸びることとなった。売上15億円の達成が現実のものとなってきたころ、さらなる将来的な目標として生産量３００トン、売上30億円と定めた。だが問題になったのが生産者の高齢化だった。超特選栗部会からの供給する

100トンだけで30億円の目標を実現するのはどうしても難しいと思われた。そこで、残りの100トンを超特選栗部会の新規参入農家に期待すると同時に、100トンを自社で生産することを考え、2004年（平成16年）、農業生産法人恵那栗を立ち上げた。将来を見据えて、生産量の不足分を確保するため、直接栽培に乗り出したのである。

青果卸売業から農業参入し、冷凍加工事業との連携を重視するイシハラフーズ

イシハラフーズはもともと青果卸業からスタートした、宮崎県都城市の冷凍野菜加工メーカーで、社長は石原和秋氏である。原料となる野菜をほぼすべて自社農場での生産でまかなっている。創業は1976年、会社設立は1980年、自社農場の開設は2003年である。企業の農業参入といってもよい。イシハラフーズは、カット野菜工場を中心に、チェーンの最適化によって付加価値を高めようとするフードチェーン農業を行っている。

冷凍野菜メーカーのなかでも同社は最大級の冷凍野菜製造メーカーで、冷凍ほうれん草の生産量は国内1位を誇る。ほうれん草の他に、小松菜、里芋、枝豆、ゴボウなど、およそ210ヘクタールの農地で、作付け延べ面積は約500ヘクタールに及ぶ。

冷凍野菜はすべてエンドユーザー向けの商品であり、製品の96％は全国各地の生活協同組合に出荷され、残りは学校給食などに回っている。

課題は、顧客からの要請に基づいた出荷調整である。

加工と原料生産との整合性に気をつかっているが、特にカット野菜工場や冷凍野菜工場といった加工部門では、商品の需要動向を的確に把握しながら、計画生産を行う必要に迫られている。需要動向は、年間の動向に限らず、時々刻々変化する需要に対応しており、常にそれと生産とのすり合わせを行っている。

同社では冷凍野菜の品質を高めるために、原料野菜の収穫から24時間以内に冷凍処理を行うことを徹底している。そのために工場の稼働と野菜の収穫作業とを同期させており、工場での一次加工処理の進捗状況が30分刻みでデータ確認できるようにしている。その上で、工場側から生産現場に「畑での収穫のペースをあげて、早く工場に原料をもってきて」とか「(予定外だが)別の畑に移動して収穫してほしい」という指示を出せるようにしている。

原料となる野菜の生産、加工、商品の包装、発送に至るすべての段階においてトレースできるような仕組みが確立されている。そこにはＩＣＴを随所に活用している。

安全・安心な国産野菜を原料として使っていることを切り札にしているため、安全性を担保する観点から、20年以上前からトレーサビリティに取り組んできた。畑ごとの履歴作成は、１９９０年代後半からスタートした。その後、畑一枚ごとに肥料や農薬の使用履歴、播種や収穫などの日付を詳細に記録するようになったのは、自社農場を開設した翌年の２００４年からだ。当時は、紙ベースで農場担当者が手書きで記入していた。

それ以降、畑の面積が急速に増え、紙ベースでの記録が煩雑になってきたため、ＩＣＴを活用し、効率的に管理できるシステムの開発へとつながった。

圃場での作業はすべて「栽培情報」に入力される。膨大な情報はトレーサビリティのために使われるだけではない。工場の稼働状況をデータで確認し、生産現場の作業の調整をするといったことも日常的に行われている。同社のシステムの最大の特徴は、既存の商品を使わず、同社の社員が開発したオリジナルのものである点だ。

なお、システムに入力する以外の情報のやり取り（スタッフが休む、作業が完了したなど）は、ＬＩＮＥやスカイプが使われている。原料生産から出荷まで、ＩＣＴで管理することのメリットとして、①安全性の担保による顧客の信頼向上、②作業効率化とコスト削減、③経営分析を通じた業務改善を指摘している。

顧客目線の農産物供給を追い求めるオイシックス・ラ・大地

農家へ顧客情報と販売の機会を提供しているのが、オイシックス・ラ・大地である。オイシックス・ラ・大地は、インターネットなどを通じて一般消費者に食品・食材を販売する企業である。宅配事業を主力事業としているが、安全性、栄養価、価格、そして味といった観点で厳選した食材の提供を理念としている。会社設立は２０００年で、社長は高島宏平氏。連結で６４０億円（２０１９年３月）を超える売上規模をもっている。

同社が最も重視しているのが、顧客の目線に立った商品およびサービスの提供だ。そのため、顧客の購入情報の分析やマーケティングはこまめに行い、顧客に付与されるＩＤごとに購入履歴がわかるので、個別対応に近いことをやっている。

農産物は青果物、コメ、畜産品を幅広く扱っているが、同社のシンボル的な存在になっているものは野菜である。青果物の取り扱いに対し、独自の安全基準をクリアすることを条件としている。栽培方法としては農薬や化学肥料を慣行栽培と比較して半分以上減らした特別栽培以上であることを基本としている。取引をしている生産者はもともと全国に約２７００人いるが、吸収したらでぃっしゅぼーや傘下の農家が２４４０人おり、おそらく5千人強の農家数になっていると考えられる。

オイシックス・ラ・大地では、年間の販売計画に基づいてこれぐらいの量が必要になるというおおよその量を生産者に提示する。その上で、顧客からの注文をもとに同社が数量を確定し、生産者に最終的なオーダーを出す。繰り返していくことによって、農業者にマーケットの情報が届き、販売量から割り出した自らの適正生産量がわかるようになる。

その際、生産者には、会員から戻ってきたお客様の声を還元している。また、会員から特に高い支持を受けた優良生産者を表彰する「農家・オブザイヤー」を毎年開催し、農家のモチベーションの向上を図っている。これは、お客様から最も多くおいしい！とお声をいただいた生産者を表彰するものである。お客様からの反響数が評価基準になっている点で、生産者が消費者の求めるものを知る良い機会となっている。マーケットインの生産ができる情報を供与しているといってよい。

他方、優良農業者が切磋琢磨するためのプラットフォームとしてN－1サミットという勉強会を毎年開催している。農家が交流し、発信し、前進する場となっている。

ただ、全量買い取りはしていない。取引に柔軟性をもたせ、両者のリスクを避けるためだという。例えば、オイシックスは独自の安全にこだわった食品・食材を取り扱うことを理念に掲げている。たまたま病虫害が発生し、生産者が仕方なく農薬散布をした場合、買い取ることができなくなってしまう。そうした場合、生産者はオイシックス以外の売り先を確保していなければならない。実際オイシックス傘下の農家は、常に別の売り先を何軒か確保する努力をしている。

7500戸の農家に販売の機会を提供する農業総合研究所

代表の及川智正氏が2007年に農産物流通で新事業を起こすために設立した農業総合研究所の主要事業は農家の直売所運営である。都市部のスーパーマーケットにインショップの農産物直売所を置き、全国の農家から集荷したものを委託販売している。朝どれの野菜が翌日の開店前には各店舗に並ぶ仕組みだ。

集荷場は、北は北海道・青森・山形から南は沖縄まで全国92カ所を備える。主要取引先は阪急オアシスやサミットストア、イオンリテールストア、いなげや、コーナン商事、ダイエー、ヤオコー、ヨークベニマル、イズミヤ、小田急商事、西友、平和堂、東急ストアなどで、流通網は自社で構築している。

事業としてはほかに加工流通やＰＢ向け卸、海外輸出入、農業コンサルタントや資材販売やシステム開発なども手掛ける。

売上高31億円、流通総額96億円（２０１９年８月期）、登録生産者数７５４５人、販売店舗数１１００店舗（いずれも２０１９年８月末）となっている。

仕組みは、まずは会員農家が各集荷場に農産物をもってくる。集荷場ではスーパーの店舗名ごとにコンテナを置くエリアが区切られ、エリアごとに店舗名が書かれた札が掲げられている。農家は自分が出荷したい店舗を決め、そこに商品を置く。農家は集荷場にある発券機で事前にバーコードを出し商品に貼る。これとポスレジで農家ごとに売上がわかる仕組みとなっている。バーコードにはＱＲコードが付いていて、買い手はそのコードを読み込むことで、生産者情報をたどれるようにもなっている。

生産者にとっては品目や規格、数量などを自由に決定し、かつ販路の拡大による所得の向上が期待できるといったメリットがある。一方、スーパーや消費者にとっては産直コーナーを低コストで迅速に導入でき、かつ新鮮な野菜を売ることで集客力を上げられるといったことがある。

農家の直売所では生産者が自ら農産物の売り先も価格も自分で決められるのが最大の特徴で、その判断材料となる情報を随時農家に提供している。

ただし、売り場の品目のバランスを取るため、集荷場で供給する店舗や量を調整することがある。例えば前日にニンジンが大量に入荷された店舗では、翌日まで残ることが多い。そういった店舗があれば、集荷場で出荷量が一定量になると打ち止めにするなどの調整が行われる。とはいえ各集荷場では1日当たり100～150店舗へ農産物を供給するので、会員農家にとって売り先がないという事態は起きない。

値決めは原則的に会員農家が決定権を握っているものの、売れ行きに応じてスーパーが判断して値下げをする場合も少なくない。それもあって出荷した農産物の9割は売り切れる。

つまり売れ筋商品や売れ筋店舗といった市場ニーズをその都度農家に伝える仕組みが農業総合研究所の直売事業であり、農家はそれに参加することによって売るための努力を自主的に様々重ねられることになる。

出荷時期をセンサーで把握し、リレー出荷システムを構築するNKアグリ

NKアグリ株式会社（和歌山県和歌山市）は、写真現像機メーカーだったノーリツ鋼機（東京都港区）の社内ベンチャーとして2009年に和歌山市に設立した会社である。

ねぎの栽培に始まり試行錯誤の末、レタスを自社の植物工場で栽培するようになるが、その後さらに機能性野菜の研究・開発・流通を手掛けるようになる。ここで取り上げるのは、NKアグリの流通事業である。

同社は、リコピンの豊富なニンジンを作ったところ非常に高い市場性があることがわかり、こ

のニンジンをこいくれないの商標で流通させることにした。こいくれないは、赤色が濃く、強い甘みがあり、通常のニンジンにほとんど含まれないリコピンが豊富で、カロテン含有量も高い品種で確かにニーズは高かった。だがその一方で、発芽しにくく曲がりやすいなど栽培が難しく、収穫期間が1カ月ほどと旬が短いといった難点もあった。そのため消費者に十分に提供ができず、農業者の間でも出荷時期が重なり、バイヤーに買い叩かれることが多かった。

そこで、三原洋一社長は、「産地をうまくリレーすれば、期間中は途切れることなく、出荷できるのでは」と考え、2016年から全国のリレー出荷の体制を整備し、全国7道県にまたがる約50の契約農家と契約栽培を行い、全国の量販店65社に年間約300万袋の「こいくれない」を出荷する体制を築いた。

「こいくれない」は露地栽培で初の栄養成分を表示する栄養機能食品になった。そこで、おいしさと保健機能を評価軸にした新たなバリューチェーンを構築しようと考え、出荷団体を地域単位ではなく、品目単位にし全国横断的な組織を作った。産地をうまくリレーすることで、期間中は途切れることなくニンジンを出荷する体制を築こうと考えた。βカロテンといったプロビタミンAの含有量を全国の契約農家で把握し、栄養価の高い状態で消費者に届けるため、旬の時期に収穫する仕組みを作っている。

センサーを設置し、気象データをクラウドシステム kintone に集積。センサーからのデータを収集し、旬の収穫日を予測して、契約農家に対し、収穫日の目安を伝え、栽培上のアドバイスを行っている。

センサー自体は気温、日射量、湿度を計測できるが、全農家から収集している情報は気温のみで、一部の農家から日射量の情報も収集している。気温データは1時間ごとに積算するように設定されている。品種によって成長に影響を与える温度帯が異なるため、有効な温度のみ積算するよう設定。その積算温度を独自の計算式に当てはめ、収穫日を予測している。独自の計算式を使うと、全国どの産地でも収穫すべき日付がほぼ正確に割り出せる。

NKアグリには、過去10年の温度のデータがあり、そこから判断して収穫が通常よりもかなり違ってくる場合には、そのことを生産現場だけでなく、営業にも伝え、そうすることで、営業の出荷計画まで見直していく。三原社長は、「生産現場のセンサーから始まって、気温、リコピン等のデータを生産者、流通業者、消費者が共有し、収穫した野菜を定価で売り切るまでの全体をシステム化したい。センサーだけというよりは、全体最適化をめざしたい。それがこれからの農業のロールモデルになると思う」と話す。

消費者、小売といった実需サイドからは、気に入ったものをいつでも買えるようにしてほしいという要望が年々強くなっている。それを実現するために、情報化社会のなかで、地域軸でなく品目を軸にしたあり方が今後の農業の出荷団体のあり方になると考えている。

仲卸を自社の営業マンとして利用するひるがのラファノス

不確実な流通システムのなかで、業者と連携してこそ産出額が増加できると、仲卸業者を自社の営業やクレーム処理の担当として利用している、したたかな農業者もいる。流通業者の傘下に入ると、農業者は何か受け身のような感じを受けるが、逆に流通業者を利用していくケースである。

岐阜県郡上市のひるがの高原で、大根とニンジンのブランド野菜を生産販売するひるがのラファノスという農業生産法人がそれである。２００2年創業、現在2億7千万円の販売額をもつ経営である。

社長の奥村照彦氏を含めた社員が10名、臨時の雇用が11名、それに季節によってパートがおり、夏場には総勢25人ほどが働いている。

主力は大根とニンジンで、内訳は、大根が2億2千万円、ニンジン2千万円、それ以外に他の野菜や加工品等の販売がある。大根27ヘクタール、ニンジン5ヘクタール、他に自然薯、ジャガイモやトウモロコシ、そば、ケール、ブロッコリー等々様々な野菜を作り、全体でおよそ35ヘクタール程度の作付面積となっている。

社長の奥村氏の考えは、「ひるがのラファノスへ頼めば大根は何とかしてくれる」、そういった存在になること。いつでも要望に応えるには、面積をもち量を確保しておく、というもの。

量販店との間に立ってくれたのが、いずれも大根生産に関わりのある資材業者や運送業者それに仲買人たちだった。特に、スタート時には段ボール業者、肥料商等からの紹介注文があり、それに運送業者の紹介が加わり中部圏に広がるきっかけになった。さらに仲買人を入れるようになると、京阪、関東の量販店等へと拡大していった。今では、野菜はすべて契約栽培となり、「北海道に匹敵する産地が本州の真ん中にある」と評判になった。

ユーザーである量販店との間にはいずれも仲買人を入れており、その数は現在15社ほどになっている。その理由は、自分の力では大手のスーパーとはとても取引できないので、量販店や大手外食との間をつなぐ役割を担ってもらうためという。直接取引すると、日常的にクレーム処理やリスク対策、営業対応に追われることになる。それを社長が自分で直接対応するのは精神的にもなかなか厳しく、仲買人の力を借りているのだという。

例えば、段ボールがちょっと崩れただけで返品になり、温度管理に厳しいところは、大根の中の温度が1度違っただけで取引停止となる。自然災害で契約数量を出荷できないときもあり、逆に豊作で多くなるときもある。次回からはそうしたクレームができるだけ出ないように工夫するが、仲買人は、そうした契約に伴う様々なクレームを双方立てながらうまく調整してくれるありがたい存在だという。

また販売先の紹介も仲買人の世話になっている。普段からひるがのラファノスの良いところをよく知ってくれており日常的によく宣伝もしてくれている。仲卸を経由すると手数料がかかるもののそれは営業料と考えている。金額は、農協に出していた当時の手数料（農協手数料3・0％＋市場手数料8・5％、場合によって＋全農手数料1・5％）からすればはるかに安いものだという。

また、クレームが出ないようにするには、絶えざる工夫が必要になる。連作障害の回避や技術的な課題に対しては、種苗メーカーや肥料商等々と技術提携している。

実需者である量販店とのアライアンスを組む際に、間に仲卸や資財業者、運送業者等の事業者を入れマーケットの要望を取り入れやすくする一方で、クレーム処理や様々な問題処理、生産の改善等に役立てていったのである。こうした場合でもチェーンマネージャーは仲卸の流通業者ということになるのだろうか？

第4章

フードバリューチェーンが日本農業を変える

1 経営は、「作目づくり」から「事業づくり」をへて、「価値づくり」へ重点を移しながら成長する

農家は、いい農産物を作って、黒字にすることが基本中の基本

フードバリューチェーンを視野に入れた様々なフードチェーン農業があるが、それには、農業者自らイノベーターとなって作るものと、受動的に参加するものとがあった。自ら作るイノベーターは、2015年センサスで1・7万戸ほどいる本書でいう大規模農家つまり農業経営者の中から1千戸以上は存在していると第3章で述べた。全農家数からすれば、0・1%にも満たない数である。

また、受動的に参加する農家は、少なく見積もっても、イノベーターの50倍から100倍は存在している。その数は5万戸から10万戸となるだろう。いずれも小規模農家や中規模農家である。

私はこうした小規模・中規模の受動的フードチェーン農家が、さらに事業を拡大して、自らがチェーンマネージャーとなるようなことがわが国農業にとっては必要と考えている。今のところ、彼らに期待されているのは、川下事業者から求められる農産物をしっかりと作り上げる技術

図表4-1　事業拡大の経営イメージ

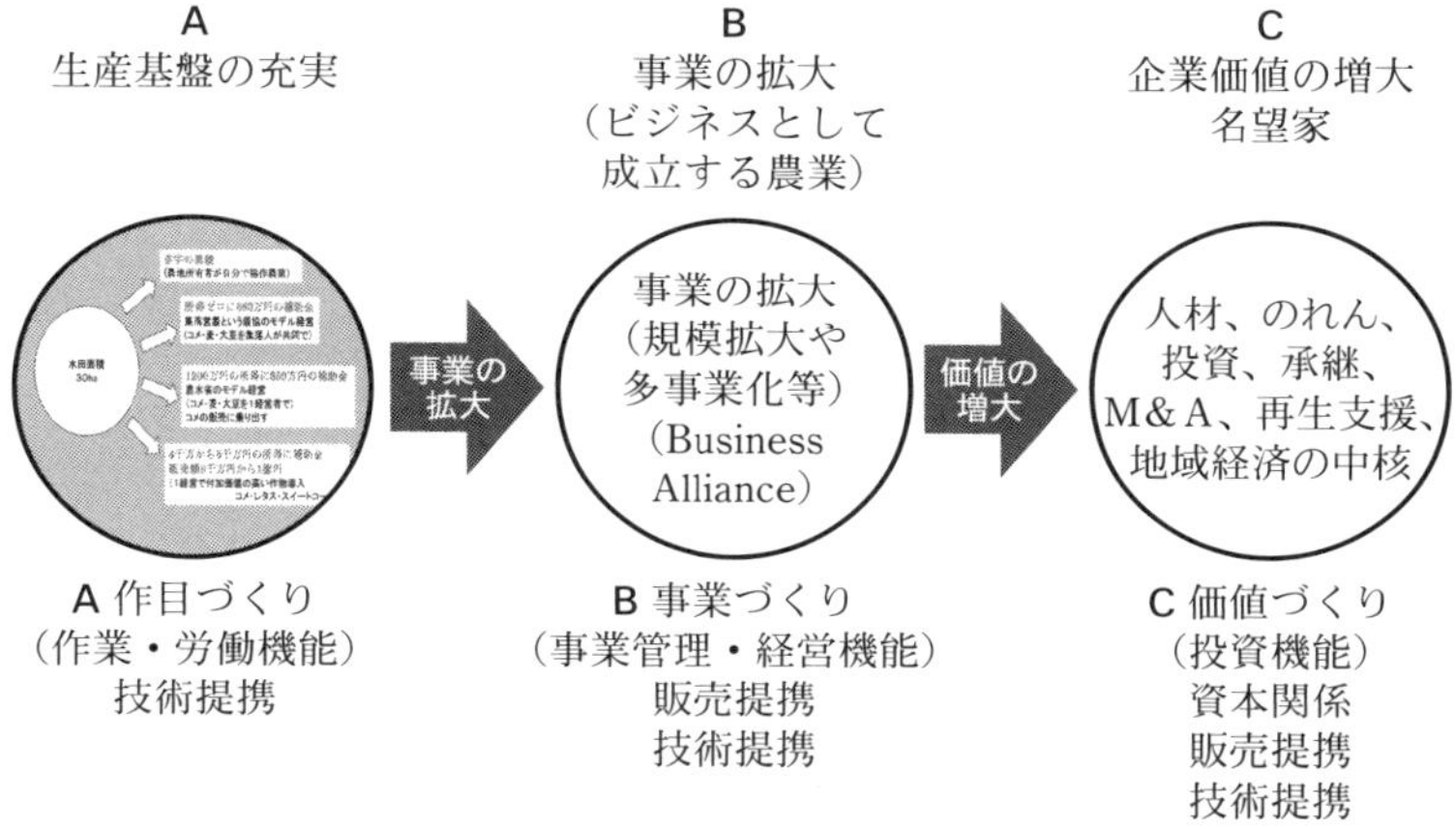

力である。

図表4－1は、その彼らが、いっぱしのチェーンマネージャーになって、自らフードチェーン農業を行うようになるまでの事業拡大について、大まかなイメージを示した図である。生産性を高めるため事業を拡大するには販売額に応じて、重要になるテーマが違ってくることを示している。

わかりやすく、「A作目づくり」⇒「B事業づくり」⇒「C価値づくり」と、経営の目標、テーマを書いておいた。そこに、「A生産基盤の充実」⇒「B事業の拡大（ビジネスとして成立する農業）」⇒「C企業価値の増大」といった成長プロセスを対応させている。また、それぞれに「A作業・労働機能」⇒「B事業管理・経営機能」⇒「C投資機能」といった必要とする機能を示した。

小規模農家や中規模農家に求められるのは、匠の技とはいわないまでも、農産物を作る確実な技術であり、社会から要請される農産物を確実に作り、黒字にできることである。これを「A生産基盤の充実」といっているが、これが意外と難しい。

フードバリューチェーンによる事業拡大が本書のテーマだが、「A生産基盤の充実」を最初にあげたのは、それが「B事業の拡大」や「C企業価値の増大」など、どのステージでも農業経営を支える基盤であり、価値の源泉となるからである。その基盤を作らないことには、フードバリューチェーンによる事業の拡大といってもなかなか実現できるものではない。そもそもそうした力をもっている農家がわが国にどの程度いるのか、ここからにして実は怪しいのだ。

よい農産物を作ることは、農業生産者の基本中の基本だが、まずもって何が求められるよい農産物なのかは農業者一人で決められるものではない。よい農産物は求める人によって違ってくるし、その違いを見分けて、よい農産物を発見するのは意外と難しい。それには、マーケットを熟知していたり、あるいは熟知している人との交流によって売れる情報に接することが必要条件だし、たとえそうした情報を得ていたとしても、それを受け取り、判断するには農家の感性や試行錯誤が必要になる。ここでいうよい農産物とは、あくまで社会的に必要とされるよい農産物という意味である。

「生産基盤の充実」という用語で問うているのは、その上でそれを確実に作る技術的な力量があるのかということである。新しく取り組む作物が、うまくできるかどうかはこれまた試行錯誤の連続となるし、何度かトライアンドエラーを繰り返し技術を磨かなければならない。試作をしてでも作れる技術的バックグラウンドが必要だ。

わが国の農家でよい農産物を作って、黒字にできることに自信をもっている農家は意外に少ない。量販店や食品企業と契約栽培する際に、要望に沿った農産物は作れないなどといった形で弱点が露呈してしまうことが多い。

よいものを作れる力量をもっていれば、3千万円くらいにはなるだろう。小規模農家や中規模農家はまずこの線を目標にした方がよい。逆にいえば、よいものを作って黒字にするには、事業規模が3千万円前後あった方がよいということである。

販売額3千万円といえば、中規模農家に入るが、事業の拡大と縮小の分岐点に位置している日本の農業のどまんなかにいる農家である（2015年世界農林業センサス）。彼らは、よい農産物の探究に熱心で、栽培技術に工夫を凝らし、量販店等の要望にも応え、契約栽培等にも乗り出すなど、家族で非常に豊かな農業を行っている。

豊かな家族経営を行うためにも、技術の向上、販売先の確保といったところに関心をもち、自らの生産の充実に関心をよせている。よいものを作れば買ってもらえるし、作業工程を工夫すればよいものが作れると考えている。

ただ、この規模の農家の行動には違いが大きい。技術や販売でうまくいかないケースや、赤字に陥る経営もみられる。だからこのクラスが拡大と縮小の分岐点になっているのだが、一般論としていえば、日本の農業が、この3千万円を境に分かれるのは、第一に、社会に必要とされる農産物を作れるか否か、つまり生産基盤が充実しているか否か、第二に、次のステージに行くために経営のノウハウの蓄積があるか否かにかかっている。

事業拡大には、それまでとは違った経営管理が必要で、違った経営になっていく

販売額3千万円という数字を出したが、フードチェーン農業が日本農業のどのような位置にあるのか示すため、図表4－1に農家の1戸当たり販売額を入れてみた。それが図表4－2である。販売額1千万円未満の小規模農家から、10億円以上の大規模農家まで並んでいる。わが国のすべての農家を網羅した図になっている。

作目づくり経営の目標である生産基盤が充実し、経営ははじめて事業拡大、販売額の増大が視野に入り、経営のテーマは、事業づくりへと変わってくる。

経営課題も、販売力の強化だけでなく、雇用の確保や設備投資などの経営管理に重点が移ってくる。

例えば、労務管理である。経営が大きくなってくると、家族だけで拡大することが困難になってくる。これまでも、パートを使っていたかもしれないが、それをきちんとした雇用にし、さらには社員を雇用するようになると、専門的労務の知識を必要とする。

利益の考え方も変化する。それまで所得率で経営を把握していたのを、事業拡大に伴って、粗

図表4-2　事業拡大する農業経営のイメージ

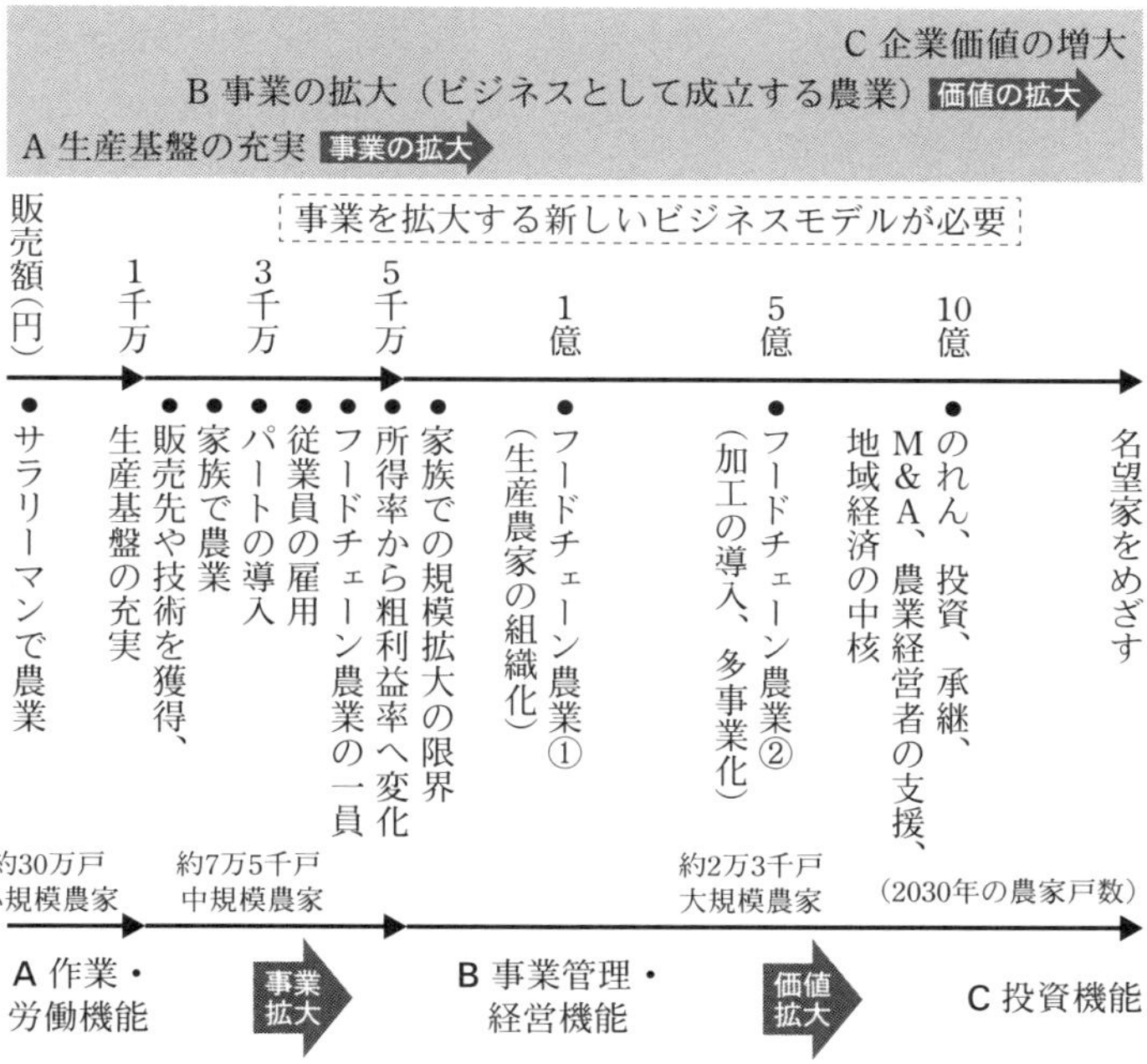

利益率や営業利益率で考えなければならなくなってくる。

　小さな農家は、農業の経営費をみた残りの農業所得で利益を考え、農業所得を販売額で除した所得率を簡便な手法として使っている。所得率は、客観的な指標というよりは、販売額がわかれば最も簡便に所得が推定できる便利な指標で、家族経営でどんぶり勘定が多い農業界ではよく使われる指標である。第1章であげた、生産農業所得も、産出額に所得率をかけて算出するなど、農水省の統計でも使っているものだ。

　ところがパートや従業員を雇用するようになると、賃金や家族の給与も含め、それらを経営費と考えざるを得なくなってくる。労務管理にも専門的な知識を必要とするようになるし、営業や、経理、企画・総務などの一般管理費も大きくなる。こうした経費を念頭に置くと、それらを捻出するためにも粗利益率に関心がいき、所得率に代わって粗利益率や営業利益率が経営者の関心事となってくる。さすがに1億円程度の大規模経営になると、所得率で考える家族経営はみられなくなる。

設備投資も増え、リスクも当然増えてきて、財務管理の必要性も増してくる。農業は実は装置型の産業で、固定資本回転率は悪い。そうした産業で規模拡大を見越した設備投資をするとすれば、規模に見合った投資が必要になり、確実な生産・販売計画が必要となる。規模に見合った投資は思いのほか難しい。

さらに規模拡大プロセスでは、折に触れ様々な資金需要が出てくるので、機動的な資金調達を常に考えておかなければならない状態になる。

将来、経営をどうするかの理念や戦略も問われる。生産規模を増やすのか、加工や販売事業へ進出するのか、はたまた自分一人で拡大するのか、他の農家をグループ化しながら拡大するのかなど、経営者としての考え方（理念）や、戦略、方針が問われ、経営者の実力が試されるようになる。

こうした諸々に関して、「成り行き」でできる境目も3千万円クラスである。それ以上の5千万円、1億円の販売額になれば、「成り行き」ではどうしようもなくなってくる。それまではよい農産物を作るため一生懸命作業し、労働していればよかったのが、社会に適合的なビジネスとして経営を考えなければならなくなり、経営力量を高め、経営管理をどうするかが大きな課題となってくる。

つまり、3千万円クラスの豊かな家族経営と、そこから事業拡大して、5千万円、1億円をめざす農業経営の経営管理とはまったく違ったものになるということだ。これまでとは違った経営戦略や事業・経営管理、さらにはそれらを遂行する能力が求められてくる。

事業拡大には、新しいビジネスモデルのフードチェーン農業が必要となる

事業拡大するには、農業生産の現場をみながら経営管理能力を高めることが大切になるが、同時に、これまでの農業経営とは異なった経営システム、ビジネスモデルが求められる。図表4－2で事業を拡大する新しいビジネスモデルが必要と書いた部分だ。

実は、今までのような経営ではいくら事業拡大しようと考えても、「売れるものはそうそうみつかるものではない」とか、「今の人員ではやっていけない」とか、「農地がない」等々といった弱音をよく聞くことがある。事業拡大するにはこれらをブレークスルーして大きなビジネスチャンスを広げなければならない。

他方で、事業拡大している農家をみると、そこには共通した特徴がある。それは、圃場や農業で自分の世界が完結するのではなく、顧客や消費者などフードバリューチェーン全体を自らの世

界に取り入れ、そこで工夫しようとしていることだ。一言でいえば、食と農の連携を図る農業であり、もう少し本質に迫ったいい方をすれば、農業者が、フードバリューチェーン上にある様々な事業者と販売提携や技術提携をしながらマーケットインやイノベーションを図る農業である。これまで様々に述べてきたフードチェーン農業である。

図表4－1では、技術提携、販売提携、資本関係と書いているが、経営が成長するにつれて他者との連携する局面が増えていき、そうした人々から、ソリューションに向けたアイデアやビジネスアイデアがシャワーのごとく提供されるようになる。中には身の丈を超えるような提案もあるかもしれないが、取捨選択する判断力や、経営を成長させるための若干無理目のアイデアを実現する気概も必要となる。

こうしてでてきたのが第3章で紹介したようなフードチェーン農業であり、農産物生産の規模拡大や加工などで多事業化している経営である。フードチェーン農業は、事業の拡大をめざし経営を大規模化できるビジネスモデルである。

この農業の実践者は、第3章でもみられたように、販売額にして1億円以上の大規模農家によくみられ、販売額は50億円程度まで展望できるようになっている。畜産では、その5倍から10倍に跳ね上がるケースもみられ、畜産インテグレーションになると、200億円から400億円超えまで存在している。

大規模化は、畜産ではすでにはっきりとした傾向が出ており、養鶏でも酪農や養豚、さらには肥育牛でも、国際標準の規模にまで拡大し、すでにヨーロッパの規模と遜色のない経営が出現している。

それが近年露地の稲作や野菜にも広がってきた。土地利用型農業でもそれまで常識として考えられてきた規模をはるかに超えて拡大する経営が登場している。例えば、この4~5年で100ヘクタール、200ヘクタールを超える稲作経営や畑作、野菜作経営が出現し、そうした規模が決して例外ではなくなっている。これまでには考えられない驚愕の変化だが、そうした規模拡大には、フードバリューチェーンを見渡した経営システムが関係している。

図表4-2では、3カ所に3種類のフードチェーン農業を書き込んでいる。

まず、1億円のところを「フードチェーン農業①（生産農家の組織化）」としている。これは農産物生産の規模拡大を述べたものである。

フードチェーン農業では食品企業など、川下と提携することによって、安定的に販売額を増やせるが、やがて大きい食品市場と小さい農業規模の間に齟齬が生じるようになる。マーケットが求める量に、たとえ1億円クラスの農業でも対応できなくなり、供給不足になってしまうのである。

そこで、フードチェーン農業の担い手は、自社農場の急速な拡大を図り100~200ヘクタールといった規模をもつようになるが、他方で他の農家を傘下に取り込み供給量を確保することも考え始める。意を同じくする農家を仲間に引き入れ、全体で供給量や販売額を上げるやり方である。3億円、5億円と事業拡大するには、こうした農家の組織化が必須となってくる。それが図表4−2の1億円のところに示したフードチェーン農業①（生産農家の組織化）である。

また2番目に、図表4−2の5億円のところを、「フードチェーン農業②（加工の導入、多事業化）」としている。これは、もう一つの事業拡大の手法である多事業化のケースである。

多事業化は、農業生産以外の他の事業を取り入れ、多角化して事業を拡大することである。従来は農業の多角化などともいわれていたが、多角化というよりも多事業化といった方がいいだろう。近年行政的に進められているのが六次産業化だが、六次産業化は、農業者が一人で行うことを想定しており、必ずしもバリューチェーン上の関係者の連携を意識していない。

チェーンを意識すると、付加価値の高い他の事業が目に入るようになる。そうした事業には、集荷業や、農家レストラン、観光事業等々といったサービス事業等もあるが、ここで5億円以上をめざすフードチェーン農業としては食品加工の取り組みをあげている。それだけ農産物加工がポピュラーということである。

加工は昔から農業生産に付随して普通に行われていた。例えば、農産物流通を手がけ規模を拡大していく農家にとっては、出荷量コントロールは大きな課題になる。そのダム機能を果たすのが加工である。加工は、生鮮よりも高い付加価値を生むことから、販売額を上げるには最適な手法となる。マーケットが求める食品加工品を手がけるフードチェーン農業であれば5億円、10億円が視野に入る。これが図表4－2の「フードチェーン農業②（加工の導入、多事業化）」である。ここには農家の組織化とは書いていないが、事業規模を拡大していくプロセスで、多くの農家を傘下に組織化するのは、生鮮農産物の「フードチェーン農業①（生産農家の組織化）」とまったく同じである。

その傘下農家に関していえば、いずれも原料農産物（生鮮農産物）の生産者である。図表4－2の3千万円と5千万円の間に、「フードチェーン農業の一員」と書いた。これが、フードチェーン農業を営む農家の傘下に入る受動的フードチェーン農家のことである。

3千万円クラスの販売農家は、まさに拡大するかどうかの分かれ道にあるといった。拡大するには、これまで以上の努力が必要で、今までとは異なった事業・経営管理力を得て、新たなビジネスモデルを必要とする。フードチェーン農業を行っている農家の傘下に入り、その一翼を担えば、技術や生産を安定させ、同時に経営への考え方を学ぶことができる。自らが安定的に事業拡大するワンステップともなり得るということだ。

こうした受動的フードチェーン農家が、当初は受動的でもいつまでも受動的ではなく、やがては自らの経営力でポジティブなフードチェーン農業者に転換することは十分に考えられよう。

図表4-3　資産回転率

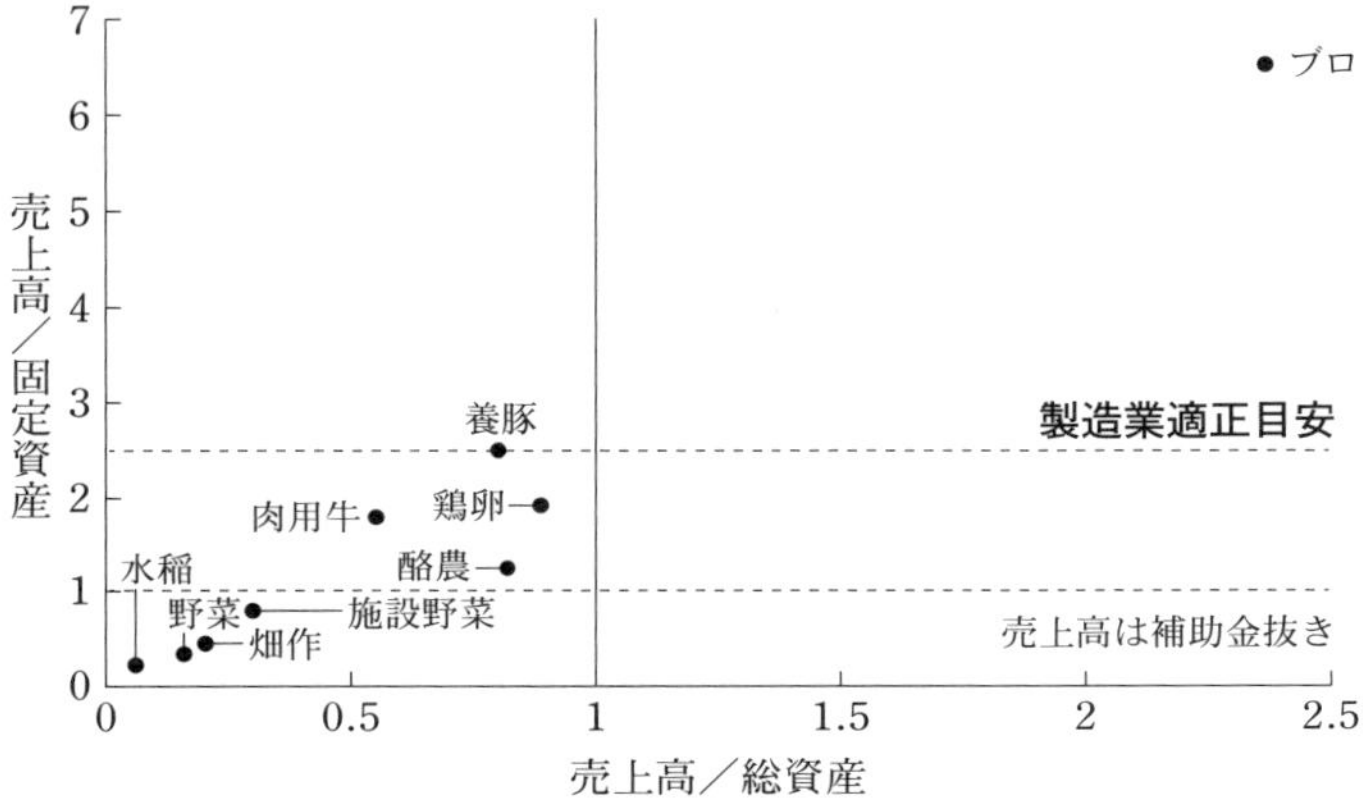

出所：農業経営統計調査、平成28年個別経営の営農類型別経営統計

事業拡大に潜むリスクと経営管理の強化

規模拡大にしろ、多事業化にしろ、事業の拡大に当たって、最も注意しなければならないのは、拡大に見合った経営効率である。特に気にしたいのは、資産回転率や固定資産回転率である。事業拡大には設備投資が必要になる。だが、農業はある意味装置型の産業で、投下資本の割に販売額や収益が低い。投資してもそれに見合う収益を得づらい産業で、過剰投資が生じやすく、それだけに資本力が必要な産業でもあり、リスクも大きい。

図表4－3のY軸は、作目ごとの平均固定資産回転率、X軸は総資産回転率である。ブロイラーが飛び抜けて高く、養豚が製造業並みの2・5となっているが、水稲、野菜、施設野菜、畑作はみな1を下回っている。

販売規模でみたのが、図表4－4である。5千万

図表4-4　固定資産回転率（売上高／固定資産）

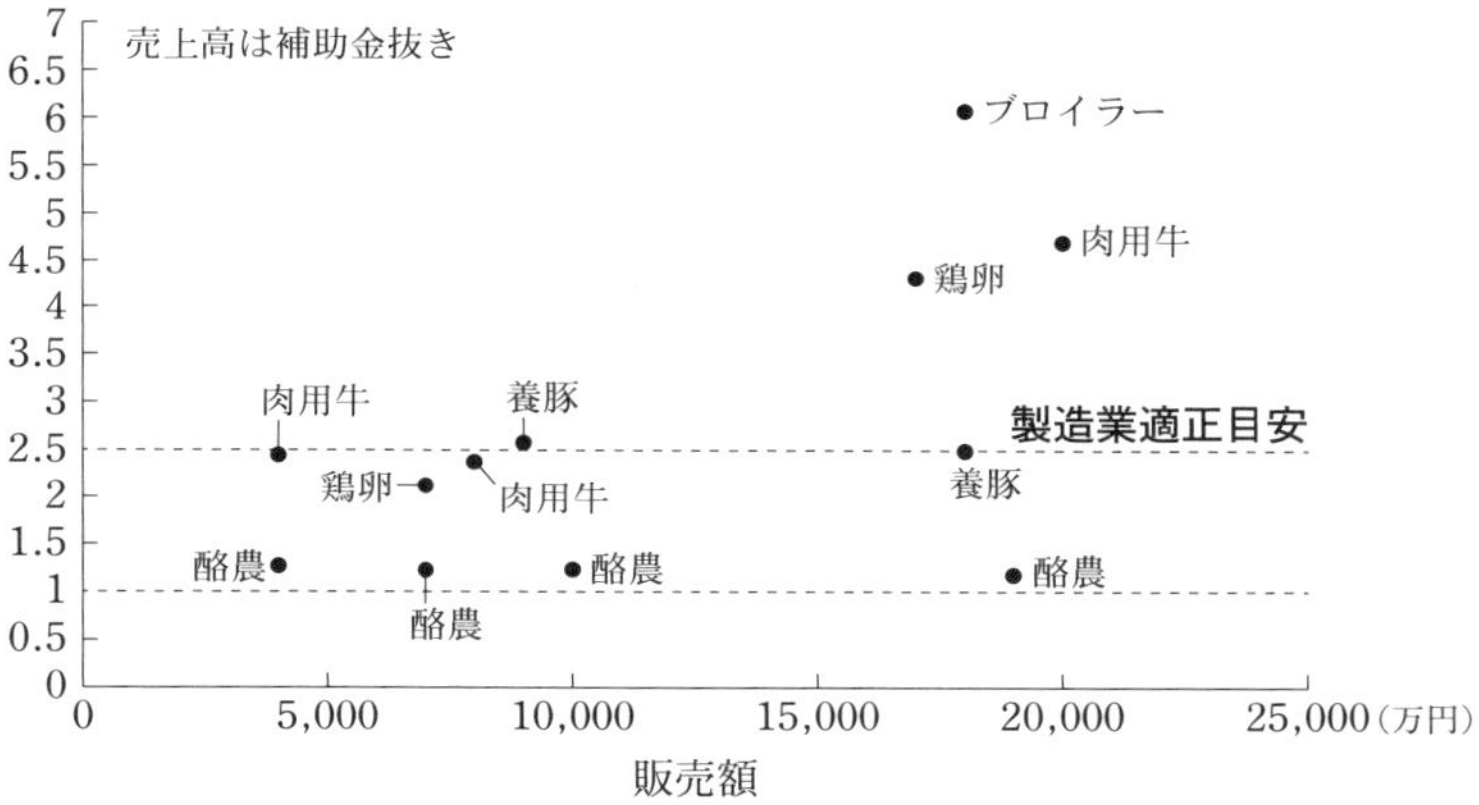

出所：農業経営統計調査、平成28年個別経営の営農類型別経営統計

円の販売額クラスで、やっと製造業並みの2・5に近い回転率となる。図には示していないが、販売額2千万円レベルだとすべての作目が0・5から1・5の間にある。農水省の統計では比較的規模の小さい農家が対象となっており、水稲や野菜など、土地利用型農業で2千万円を超えるデータはみられない。代わって5千万円以上の農家は、畜産に偏ることになる。そうしたなかでも、酪農は2億円近い売上を上げても1に近い数字となっている。

酪農は、販売額2億円をめざしたとしても、固定資本回転率が悪く、収益が好転しない状態が続くことを示している。

また1を下回るということはどのようなリスクがあるのか水稲を例に示しておこう。例えば、30ヘクタールの稲作農家が、50ヘクタール（販売額5千万円程度）へ規模拡大をめざそうとして、乾燥施設や貯蔵タンクなどの設備投資をしたとしよう。一気に

50ヘクタールを実現できれば、計算通りということだが、その規模の実現に3年も5年もかかってしまうようでは投資に見合う販売額が得られず、投資倒れになってしまうことになる。これでは機械化貧乏、あるいは過剰投資による倒産が待ちうけている。資本力の弱い農家が、農業で事業を拡大するということはリスクを抱えるということであり、こうしたリスクを考えて事業拡大に臨む必要がある。

農家の資本力が弱くてもこれまでやってこられたのは、この部分を補助金に依存してきたからである。しかし、マーケットや経営者を中心とする成長農政下では、そのようなことが通用しなくなってきている。考えなければならないのは、資金繰りや販売力の向上などのための、事業管理・経営管理機能の強化である。

第一に、長期低利融資や直接金融を利用するなどの資金管理や投資への意思決定には、様々な関係者の知恵を借りた対策が必要となる。

だが、第二に、基本は、売上の向上である。販売額を向上させることだが、それには、商品開発や市場開発、マーケティングの強化が必要となる。営業が必要になり、マーケットイン型の農業を指向し、契約栽培など確実な需要を根拠として設備投資に臨むことが求められる。しっかりとした販売計画を立ててから設備投資に臨む対応が必要になる。

さらに、第三に、生産効率の改善が求められる。効率的な経営をめざすには、従業員に効率的に働いてもらうための工程管理や作業管理、さらには労務管理といったものも必要となってくる。これまでの農業では、たとえよいものは作れても、プロダクトアウト型の農業を成り行きで行っており、生産プロセスでの経営改革がなされず、効率性が損なわれてしまうことも多かった。

要するに5千万円、1億円を展望する経営では、単によいものを作るだけではなく、そのための事業管理・経営管理機能が強く求められてくるということで、多くの他者と連携するフードチェーン農業を実践することが肝要ということになる。

もちろんこの時点でもよいものを作る努力は忘れてはならない。それどころかますます磨きがかかっていなければならない。それは農業経営の基本中の基本だからである。

のれん、人材育成や投資、承継やM&A等を通じ企業価値を高める

事業拡大してくると、自らの経営方針に合致する他の経営や人材に対し投資する行動がよくみられるようになる。

例えば、上越市にある穂海農耕は100ヘクタールを超す稲作経営だが、山口県に農場を得、さらに福島会津に農場を確保している。自らのビジネスモデルをベースに、同様の工程管理を行える経営を次々と立ち上げている。さかうえ（鹿児島）は、ピーマン経営を一定の訓練の下に誰でもできるような仕組みを作り上げ、トップリバー（長野）は、レタス農場を長野だけでなく、千葉や各所に作っている。野菜くらぶ（群馬）も自らの農場で研修した者が経営者として全国各

所で活動している。

全国の農家や自らの従業員、さらには研修生の中に、農業をしたい人がいれば、彼らに投資をして新しい農場を作らせる動きが、期せずして近年あちこちでみられるようになった。

これらは、人に投資をしながら新たな経営を誕生させる行動パターンだが、販売額5千万円以上の大規模経営ともなれば、その経営自体が社会的価値をもつ。事業を拡大すればするほどその価値は大きくなる。そこにこれら新規農場を連結していけば、企業価値はますます高まることになる。ここでは、新しい経営を生み出す事例をあげたが、経営者が自らの経営方針に合致する範囲で、他の経営を傘下に収めるM&Aもこうした行動様式の延長上にある。そうした点で注目したいのは和郷園である。和郷園は、事業拡大に際しての投資の意義を実感しており、様々な業態の異なる企業を傘下に置くとともに今後も様々な企業に投資していくのではないかと思われる。

改めていえば、事業の拡大に当たって重要なのは、人材育成であり、新規事業の創出であり、そのためのM&Aや事業承継への意識だが、それには経営者が、自らの経営の価値を増加させようとする意識が非常に大切になる。

それはかつて農村に存在した「名望家」と呼ばれる人々と似た行動様式である。

江戸から明治に地方経済を支えていたのは農村自営業者であり、「名望家」と呼ばれる人々である。彼らは、農業に限らない地域経済や地域文化の担い手であり、農村を豊かにするために様々な活動をしていた。輪島には廻船問屋を営みながら農業も行う農村自営業者がおり、愛知では、綿の作付けをしながら木綿工業を営む農村自営業者や、伊勢では網元でありながら農業を営む半農半漁の自営業者などが存在していたという。

彼らは、農業だけではなく、流通業、肥料商、酒屋、金融業、不動産業など様々な事業に従事しており、それらの利益から、農村への新たな投資を呼び込む活動をしていた。農村に橋を架けたり、小学校を作ったり、奨学金のような制度を作ったりということまでしていた。そうした農村自営業者を「名望家」や「素封家」と呼んでいる。

明治までの農業には今日のような規制がなく、比較的自由に営農活動ができ、名望家の活動範囲は広く、そのことが新しい農法の普及など生産力の向上をもたらし、農業の発展につながった。

現代の名望家は、単に事業拡大をめざすだけでなく、自らの農業経営の企業価値を高め、新たな投資を呼び込んで、農業を活性化する主体になり始めている。のれんを大切にし、人材育成や投資、承継やM&A、再生支援等々に積極的に関わり、地域経済の中核を意識した経営になろうとしている。今後この動きはますます活発になるものと私は考えている。

2 フードバリューチェーンが日本の農業を変える

フードチェーン農業は、事業拡大し大規模化できるビジネスの仕組みである

フードチェーン農業は、事業の拡大をめざせるビジネスの仕組みである。今後のわが国農業は、産出額の向上、農業生産性の向上、経営者の増加を課題としているが、このシステムはまさにそうした課題に応えるものになっている。ここではフードチェーン農業が、これからの日本農業にどのように貢献するのかについて述べよう。

私は、1990年前後、「機関車農家」というコンセプトを使って日本の農業を語っていた。農村には意欲をもって前向きに行動する農業者がいるもので、そうした農家が動けば、周りの農家も触発され、「自分もやってみよう」といった空気や波及効果が出てくるものである。そうしたことを「機関車効果」と呼び、意欲をもって前向きに行動する農業者を「機関車農家」、周りの農家を「客車農家」と呼んでいた。

信じられないかもしれないが、当時農業界には経営者という言葉や概念はなかったのだ。それで「機関車農家」という言葉を使ったのだが、農家（ファーマー）という概念はあったので、アカデミズムの世界では「リーディングファーマー」というワードを用い報告したこともあった。

前章では、こうした機能を現時点で発揮している経営者をあげた。

具体的に名前を挙げれば、木内博一（和郷園）、山田敏之（こと京都）、鎌田真悟（恵那川上屋）、嶋崎秀樹（トップリバー）、澤浦彰治（野菜くらぶ）、坂上隆（さかうえ）、松尾雅彦（カルビー）、高島宏平（オイシックス）、及川智正（農業総合研究所）といった人たちである。

彼らは、すべて日本農業にそれまでなかったビジネスの仕組みを作り上げた創設者であり、イノベーターであり、「機関車（農家）」といえよう。

他方、傘下に組織化される受動的フードチェーン農業者は、ここでいう「客車農家」といってもよいが、その指向は90年代前半の「客車農家」と違っている。90年代は兼業農家が少しでも農業に目を向ける仕組みとして「客車農家」を考えてみたのだが、結局は兼業農家の生き残り策のようになってしまった。

現時点での受動的フードチェーン農業者は、販売額の増加、事業拡大の方を向いており、小規模といえども、将来専業でやっていこうとする意志がみられる。それだけ90年前後と２０２０年前後の農業は変わったのだ。こうしたところにも「失われた20年」からの脱却がみられるといってよい。新しく農業の世界に参入してきた若者は、受動的であったとしても、まずもっていっぱしの農業経営者になれるところに身を置いているし、私は、受動的であった農家がいつまでも受動的であり続けるはずはないと思っている。

日本農業の成長産業化にとって望ましいのは、「機関車農家」がますます事業を拡大し、同時に「客車農家」がいつの間にか「機関車農家」になっていくような世界である。

実際、本書で紹介した、フードチェーン農業を行っている農業者は、日本を代表する農業経営者だが、彼らの経営が最初からそうだったわけではない。彼らも出発したときは小規模農家や中規模農家だったものが、マーケットニーズに気づいて成長するプロセスでこのシステムを作り上げ、いまや日本農業を牽引するまでになったのである。彼らは、イノベーターであり、農業ベンチャーでもある。

彼ら、イノベーターたちのこれまでを振り返ることは、若い新規就農者に大きな夢を与えるに違いない。新規就農者が、やがて日本のリーディングファーマーになることは、わが国農業の将来を大きな可能性をもって語ることができるからである。


例えば、和郷園の木内博一社長の農業である。木内社長の農業は１９８９年７００万円からのスタートだった。それが、有機ほうれん草というニーズを発見、さらに明治屋や生協とともに、カットゴボウという顧客目線の商品を開発し急速に販売額を広げていった。その結果3年目には7千万円、4年目には1億円を突破する経営を作り上げている。その後、マーケットインの考えで、需要のある作物や商品、事業を選びながら、96年には組織改革し和郷園を設立、多事業化に取り組んで、現在の50億円弱の経営を作り上げた。

こと京都の山田敏之代表も、就農した最初の年の販売額は５００万円未満のスタートだった。

その後カット九条ねぎの需要に気づき、加工を取り入れ、営業を強化し、経営組織を作り変えることによって15億円の経営にし、多くの農業者を傘下に抱える企業に成長した。

さかうえ（鹿児島県）の坂上隆社長が、父から会社を引き継いだ92年には、販売額4千万円程度の経営だった。その後、99年にファンケルと契約しケールを、2000年にはカルビーの下でポテト栽培農家となってフードチェーン農業を実践し、そこからデントコーンなど、マーケット需要を自身で見出しながら積極的に事業を展開してきた。焼酎用のサツマイモ生産もあり、現在では、キャベツやピーマンなどを取り込んで事業を拡大し作付面積約200ヘクタール、従業員48名、販売額5億円強のリーディング企業になっている。

ひるがのラファノス（岐阜県）の奥村照彦社長は、夏は大根、冬は工務店で大工仕事という兼業農家だった。大工収入を夏の大根につぎ込んでしまうような農家だったが、その後仲卸等を利用することによって売り先を広げ、それに比例して大根の生産規模を拡大し、今日の2億5千万円の大規模経営を作り上げている。

農業総合研究所の及川智正社長も、最初は農家から預かった農産物を駅前で細々と売っていた。その後、農家の直売所といっても普通の直売所とは大きく違う斬新なビジネスモデルを開発し、参加農家を増やしていった。それはオイシックス・ラ・大地も同様で、これらの企業に販売の場を提供してもらっている農家の中には、すでに専業農家としてやっていけるだけの事業量を確保している農家が多くなっている。さらに事業拡大し大規模農家にもなれる可能性も存在している。

ただ、農業総合研究所やオイシックス・ラ・大地の仕組みは、確かに小規模農家が参加しやすいものの、拡大困難性があることにも触れておこう。というのも、このシステムが、BtoCのシステムで、BtoBのシステムと比べて個々の農家が直面するマーケットが相対的に小さいことだ。経営システムの改革モチベーションもBtoBと比べて小さくなる。

もし現在以上の事業の拡大を望もうとするのであれば、デリカフーズやキユーピーのようなBtoBのビジネスの事業者が作るフードチェーン農業に参加するのが早道かもしれない。フードチェーン農業にとっては、大きいマーケットに直面しているのか、そうではないのかによって農家の事業拡大の程度は違ってくるが、そのあたりの判断は、農家の拡大意欲による。

それはともあれ、ここでいいたいのは、たとえ最初は小規模でも、事業拡大・生産性向上に励んで、日本を代表するような農業経営者になるのは決して夢物語ではないということである。フードバリューチェーンはまさに経営を変えるのである。

フードチェーン農業は、小規模から大規模まで、すべての農家に開かれている

フードチェーン農業は、大規模農家に特徴的なビジネスシステムであり、これまではそれを意図して述べてきたが、それは小規模農家を含めすべての農家に開かれており、意志ある農家であれば誰でも参加できるシステムでもある。しかもその力を借りれば誰でも事業拡大できるシステ

ムとなっている。

肝心なのは、意志ある農家という点だ。

小規模農家のうちの85％（全農家数の77％）は、サラリーマンをしながら300万円未満の農産物を販売している農家である。これまで離農していった農家であり、これからも、残念ながら離農していく農家であろう。それでも、その残り1割強程度の農家は、300万円以上1千万円未満の販売額をあげており、さらにその一部には事業拡大したいと考えている農家がいることは確かである。また、今は大規模農家の従業員となって農業を行っている者の中にも、将来農業経営者になりたいという希望をもっている者は少なからず存在している。

日本の農業の裾野を広げるには、小規模農家や農業従業員が、農業経営者として事業拡大に前向きになることが望まれる。

わが国の農業は、2030年には事業拡大する大規模農家によって担われていくことになる。しかしそれを希望的観測にしないためには、将来のリーディングファーマーの層を厚くする必要がある。今日のリーディングファーマーが、規模の小さい農家から成長してきたように、将来の日本農業を考えれば、小規模農家や中規模農家、さらには新規参入者や新規就農者の農業への前向きな姿勢と経営者としての成功がどうしても必要になる。

幸いなことに、フードチェーン農業は大規模農家に限ったものではなく、小規模農家も含めてすべての意志ある農家に開かれている。誰でもマーケットを考え、顧客目線の経営を指向し、経営内部の変革を考えていけば、事業拡大は十分に可能になる仕組みである。フードチェーン農業は、こうした人々に希望を与えるビジネスシステムということだ。

実際フードチェーン農業の農家数としては、受動的にフードチェーン農業を行っている農家の方がはるかに多い。

事例であげたものに限ってみても、1マネージャー当たり10戸程度から7千戸近くまでと、多数の農家の参加をみている。特に食品企業がチェーンマネージャーとなる場合には、傘下農家は1千戸単位で存在している。全国規模でみても、5万戸から10万戸にはなるのではないだろうか。

しかも、1戸当たりの販売規模は、1千万円未満から1億~2億円超えまでとかなりの幅があるものの、最も多いクラスが1千万円未満の小規模農家である。

この受動的フードチェーン農家の特徴をいくつかの数字をあげて明らかにしてみよう。

まず参加農家数である。例えば、トップリバーには、8つの自社農場があり、8人の農場長と30人の契約農家がいる。庄内こめ工房には120戸の傘下農家がおり、和郷園には91戸、こと京都には、ことねぎ会で40戸、こと日本で20戸の農家がいる。また詳しくは紹介していないが本書で折に触れ出てくる野菜くらぶにはおよそ70戸の農家がおり、販売額23億円をあげている。

カルビー傘下には1900戸の農家がおり、恵那川上屋にも100戸程の農家がいる。神明などのコメ卸傘下には、稲作で100ヘクタール規模のこれまた優秀な農家がいる。オイシックス・ラ・大地だと2500人、農業総合研究所には約7500人の農家がいる。

販売額はどうか。庄内こめ工房に組織されている農家は専業農家とはいうものの、平均7ヘクタールというから700万円前後であろう。

和郷園は平均5千万円弱、こと京都のことねぎ会は平均3千万円前後、野菜くらぶは平均4千万円弱となっている。他方、カルビーは、1900戸に200億円程度のポテト代金を支払っているというから、平均販売額は1千万円強にはなるだろう。恵那川上屋と組んでいる農家はもっと販売が小さい農家が多く、500万円程度と考えてよい。神明などのコメ卸傘下の農家は1億円程度と大きい。オイシックスや農業総合研究所に組織されている農家も、1億円を超える農家もいるが、主力は1千万円未満の小規模農家である。

フードチェーン農業というビジネスモデルは、それを取り入れた農家が成長できる経済性をもっており、実際に、これに参加していれば、販売額3千万円程度までは比較的容易に拡大できている。さらに意志があれば、5千万円から1億円までの農業は可能となり、大規模農家の仲間入りが可能となる。そのことは、日本農業の牽引者になっている農家がすでに証明している。彼らはいずれも1千万円未満の小規模農家や中規模農家からのスタートだった。

「意志あるすべての農業者が販売額を増やせる」「大規模農家はまだまだ増えていく」というと、多くの人に驚かれるが、たしかにこれまで農業は衰退するのが当たり前と思ってきた人々にとっては考えられないことなのかもしれない。本書では、農業生産性や農業所得の倍増は可能で、農業は成長産業に変えられるといい続けてきたが、農業所得倍増が日本農業にとって革命に近いことだとすれば、革命をもたらすのがフードチェーン農業ということである。

フードチェーン農業には情報伝達による教育や人材育成が必要

しかし、それには農業へのマインドが、「失われた20年」から１８０度転換する必要があるし、新たな価値観をもった農業人材の意識的登用が必要となる。なにより農家自身がマーケットに適合的な経営システムを作り、経営者として成長しなければならない。

その意識改革は実際にはどのように行われているのだろうか。

フードチェーン農業は、マーケットに適合的な農業の仕組みである。その仕組みづくりに挑戦しているチェーンマネージャーの傘下にはフードチェーン農業のメリットを享受する受動的フードチェーン農業者が組織されている。チェーンマネージャーは彼らに対しチェーンのコンセプト等に関する様々な考え方を伝達し、考え方の共有に努めている。それは、ここでテーマとした農家の意識改革であり、人材教育そのものといってもいい。手法は、契約や指示、研究会や啓蒙等々様々あるが、一般的には関係者のコミュニケーションに関わることである。

例えば、庄内こめ工房は、集荷事業からのスタートだっただけに、生産の仕方は参加する農家の自主性にまかせており、チェーンを精緻にするといった意識はあまり強くはない。しかしそれでも参加している農家とのコミュニケーションは勉強会や研究会といったレベルで担保しており、場合によっては直接指示することもある。

和郷園は、90戸の農家に対する意識改革を継続的に行っている。マーケットインに基づく契約遵守を何度も確認し、もし守れなかった場合には謙虚に取引先に謝罪することにしている。それで「二度と迷惑はかけられない」という意識が醸成され、栽培計画や栽培方法の見直しにつながる。さらにそうしたことが回り回って彼らの農業経営者としての成長につながっている。和郷園がめざしているのは農家の自律であり、そのことが1戸当たり5千万円程度という販売額の高さに結びついている。それでも木内代表は、「マーケットインの考えが定着するのに20年かかった」と述懐する。それだけ意識改革には時間がかかるということである。

農業者がチェーンマネージャーの場合には、和郷園のように、ある種のオンザジョブトレーニング方式を取ることが多い。だめな場合にはどうしてだめかを懇切丁寧に話し、どうすればよいのかを伝えることにしている。それを繰り返すことによって、農家のマーケットイン生産への意識が高まり、逆にそれに耐えられない農家はやめていく。しかし脱落しないように伝えていくのが、チェーンマネージャーの手腕でもある。それはある種の人材育成ということである。

また、自社の従業員を農場長として働けるまで育て上げ、場合によっては農業経営者として独立させるケースも多くなった。従業員教育による人材育成は、経営者自らの事業拡大にとっても、将来経営数を増やし、日本農業を支えるためにもますます重要になっている。

オンザジョブトレーニングと座学を組み合わせた教育・人材育成は、すでにどのチェーンマネージャーでも行っており、その内容は、教育を受けた者が、農業経営者として自立してやっていくのに十分なものがある。

トップリバー、和郷園、こと京都、野菜くらぶ、新福青果では、すでに何人も農業経営者として独立させている。

チェーンマネージャーが食品企業の場合には、商品コンセプトを伝え、勉強会や、切磋琢磨できる研究会、専門家による指導といった形でコミュニケーションを取ることが多い。

恵那川上屋やカルビーの場合には、やはりオンザジョブトレーニング方式を取っている。恵那川上屋は、部会（研究会）を作り、栗の栽培方法を研究・共有し、カルビーは、個々の農家のデータをもとに改善点等を提案する活動を行っている。流通業者の場合には、自らが掲げた品質基準や販売に当たってアピールしている点を、勉強会や研究会、表彰事業といった手法を使い、緩やかな形で伝達している。

いずれにしてもフードチェーン農業にはコミュニケーション・情報伝達による教育・人材育成が関わっている。

日本農業を変革する経営者の考えはどのように他者に伝えられるか

フードチェーン農業を作る農業経営者についてこれまで様々ないい方をしてきた。

チェーンマネージャーや機関車農家、リーディングファーマー、さらには農業ベンチャーや農業のイノベーターといったいい方もしたが、要は「日本農業を変革する農業経営者」のことだ。彼らのもとで受動的フードチェーン農業を行っている者も、やがて事業を拡大し自らチェーンマネージャーとなり、日本の農業や地域の農業を牽引するリーディングファーマーになる可能性は十分にあると述べた。

受動的フードチェーン農業者も、従業員から独立した農家も、こうしたなかでよい農産物を作る力は十分に備わっていくことになるだろうし、財務や労務管理の知識を得て経営管理一般について十分にこなすことができるようになっていくだろう。

ただ、その可能性を否定するものではないが、いったんでき上がったシステムを学びそれに対応することと、マーケットで何が求められているかを混沌の中からつかみ出し、これまでになかった経営のシステムを新たに作り出すことは、ひと味もふた味も違っている。

日本農業を変革する農業経営者は、そうした混沌を乗り越え、ある意味試行錯誤しながら生き残ってきたという強みがあり、経営力が他の農家とはひと味違っているのは容易に想像できるのではないだろうか。

ただ、ここであげたベンチャー経営者たちはいとも簡単に難題を乗り越えているようにみえるので、私たちがそれになかなか気づかないだけである。

また、本書では、彼らがフードチェーンをつなぐロジックを当初からもっていたような書き方をしているが、実際には、試行錯誤し、失敗を積み重ね、手探りで市場やプロフィットプールを探し当てながら経営革新を続けてきたのである。本書では彼らが作ってきた経営を十把ひとからげにフードチェーン農業といっているが、彼らはそれを聞いて「それって一体何?」というかもしれない。彼らにとってはそれをどう名付けようがあまり関心のあることではなく、関心の的は、めげない強い意志で苦労しながら成功のビジネスモデルを作るプロセスで直面し、かつ克服してきた個々の事象にある。

そうした経験に支えられた彼らの力量が、教えられて育ってきた経営者と大分違っているのは容易に想像がつくが、ここでテーマとしたいのは、普通の農家とはひと味違った、事業の拡大欲求や革新欲求は一体どこから来るのかといったことである。

さらにそうしたことが、彼らが行ってきたイノベーションなど、彼らの成功や力量と関係するのかしないのか、またそうした成功ノウハウは従業員や周りの農家に引き継ぐことができるのか否か、といったことである。

彼らは、日常的なつきあいも広く、農業界以外の人々も含めた交流を繰り返し、好奇心にあふれ、様々な意見を心に刻みながら現実を観察し農業を行ってきた。農業で実際に起きていることを観察し、受け入れ、それを自分のやりたいことと同期させ、距離があった場合にはどうするかを考え、いくつもの内面的葛藤を繰り返しながら決断してきた。

ロジックというよりも、多くは直感による行動と感じるが、それでも、直感をロジックにするある種の感性（センス）のよさを感じることが多い。さらに失敗にくじけない強い意志や、それを恐れぬ度胸、ここぞといったときの集中力といったものがあるように思われる。

これらがどこから来るのかを明らかにするのは難しいが、しかしそれがわからないことには、イノベーションも、それを他者へ伝えることもできない。それらを考えるのは正直並大抵のことではない。

私は折に触れ、「なぜ事業を拡大したいのか」を、言葉を換えながら聞いている。時には、面白いビジネスのアイデアがあったからというのもある。そうした時にも、いつもさりげなく語ってくれるのは次のような言葉である。

「農業を人があこがれるようなものにしたい」

「伝統を伝えたい」

「人を作っていきたい」

「農業を儲かる産業にしたい」

「地域を担う農業経営者を一人でも多く輩出したい」

「地域で雇用を増やしたい」

これらは、その時々の会話に挟まって漏れてくるフレーズだ。

人づくり、地域づくり、魅力的農業、経営者の育成である。もしかしたら、事業拡大に成功した後付けで語っているのかもしれない。だが、ただ直截に、儲けたい、事業拡大したいというのとはひと味違っている。私も農業経営学を始めた経緯は、農業者の尊厳の有り様や農業の社会的価値の増大というところにあったから、こうしたフレーズは、抵抗感なく入ってくる。「事業拡大したい」というのと一線を画すのは、「儲けること以外に何かをしたい」という思いである。そう、彼らは名望家をめざしているのではないだろうか。その精神を心にもち、それが経営理念に反映し、行動に結びついているのではないだろうか。

名望家とは、農村素封家、農村自営業者といってもよいが、戦後、特に高度経済成長以降すたれてしまった概念だ。明治以降の地域経済を支えた名望家は、農業だけではなく、村に橋を架けたり、地域人材の育成に熱心に取り組んだり、地域文化にも関与した人たちである。

普段は忘れていても、真剣に農業に向き合うときに、無意識であれ名望家精神がゆらゆら出てきて、それがある種の使命感にも似た情念となって自身を動かし、儲かる農業、事業の拡大をめざそうとする、というのが私の理解だ。うがった見方かもしれないし、間違った見方かもしれないし、牽強付会といわれるかもしれない。

名望家精神と儲ける農業には、深い溝があるようにも受け取られるかもしれないが、私はこれらは表裏一体のものと考えている。自分で率先して儲ける仕組みを作って実践しないことには地域もよくならないし、人を育てるにも説得力に欠ける。自らののれんを作り、企業価値を上げ、人材を育て、地域に反映して、はじめて農業をやってきたことに納得したい、そんな精神が革新的農業者を支えているのではないだろうか。自分ではリーダーだとは思っていなくても、地域をあるいは未来を無意識に考えているのかもしれない。これは何か宿命めいたものである。

人によって強弱の差はあるが、そうした使命感を何となく感じることがある。現に彼らには、元地主という人物が多い。

儲けはそれ自体あまり価値のないものだ（こういうと驚かれるが）。しかしその儲けが名望家としての社会的価値観に裏付けられているとしたら、そうしたところに儲けは集まるものだし、儲けの使い道も自然に社会性を帯びてくるものだ。経営学から逸脱するような気もするが、そうとでも考えなければ説明がつかないようなことは多い。彼らの経営理念がだんだん社会性を帯びていくのもこうしたことが背後にある。

育った家庭環境も大きいのだろう。名望家精神によって、新しいことにチャレンジする観察眼や好奇心をもち、得られた直感をベースにしながら試行錯誤し、やがて困難を乗り越える信念が生まれ、革新する経営者精神といったものが出てくるのではないだろうか。

そこにはもちろん成功体験が欠かせない。受動的に生活できればいいと考える農業者とは大きく違い、すべてにポジティブに対応する農業経営者の資質はそこでまったく違ったものとなる。

果たして、そうした経営者の心的態度を、これからの農業者にどう伝えられるかが日本の農業にとっては大きな課題になってくる。名望家としてのエートスはいったいどうしたら涵養できるのか？　おそらくそれがわかれば、イノベーターたる農業経営者はまだまだ増加するのだろう。

それには、経営者が、試行錯誤してきた自らのストーリーや、何をめざして農業をやっているのかといった信念を様々な場所で語っていくことが大切だと私は思っている。それは彼らが親や地域の長老たちから聞き取ったように、農業革新者のエートスは、結局「ものがたり」で語り継ぐことが一番なのではないだろうか。そうした「農業塾」が必要なように思われる。

第5章

ICTで進むフードバリューチェーンの最適化

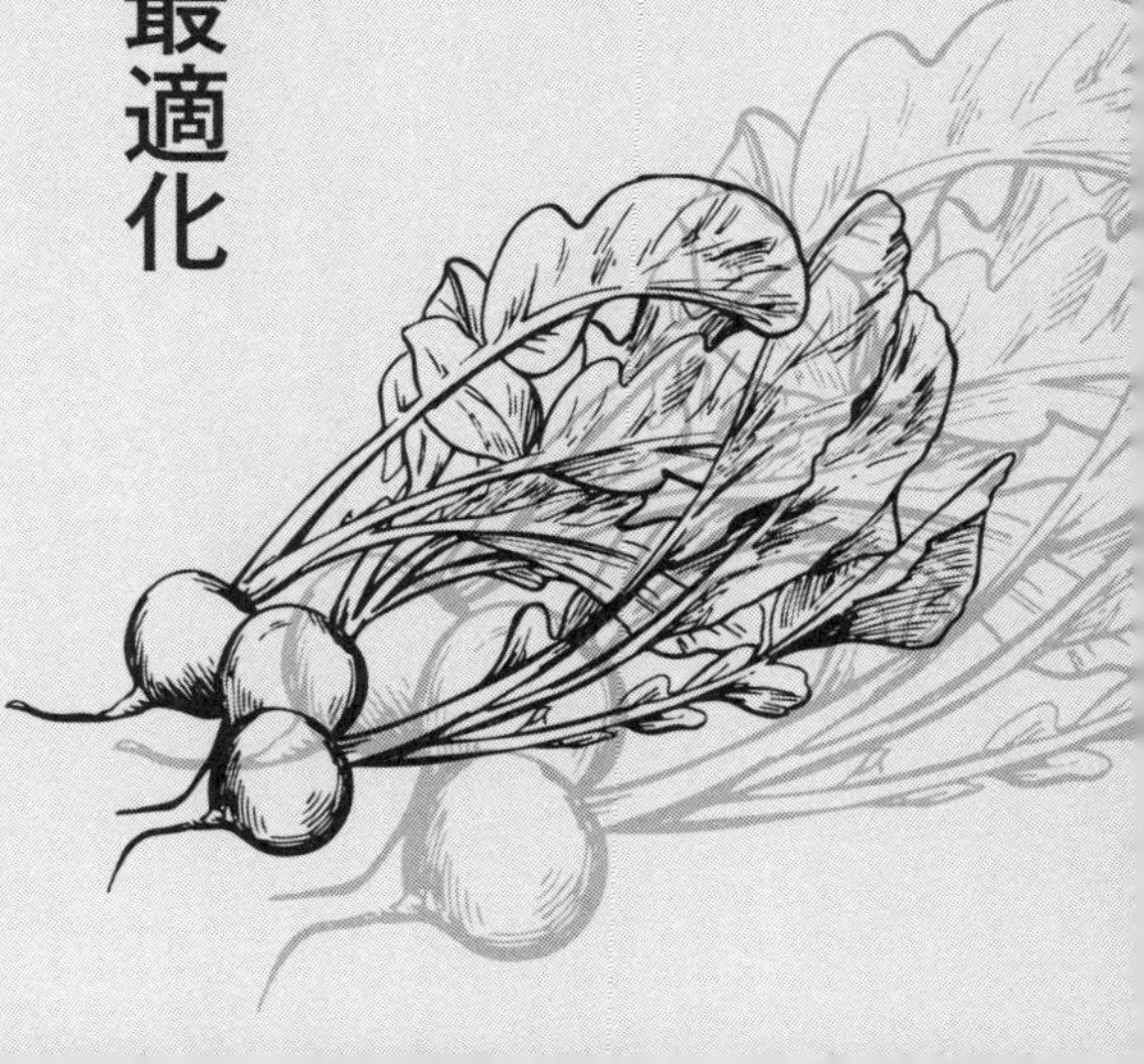

1 スマート農業が農業のＩＣＴ化の始まり

大規模なフードチェーン農家が求める農業のＩＣＴ化

フードバリューチェーン全体の最適化を求める農業が、フードチェーン農業である。その実現には、ＩＣＴが非常に役に立つ。特にマーケットと農業生産との間に情報回路を作るにはもはや必須の技術である。

もともと、農業の生産、物流、流通、販売、消費のフードバリューチェーンには、常に膨大なデータが生成されている。それを産業横断的にデジタルにつなぎ、生産から販売、消費までのチェーン全体でデータを共有して可視化していけば、農業生産はいうに及ばず、チェーン全体の生産性を高め、さらには新サービス創出に寄与することになる。

ただ、フードチェーンにおけるＩＣＴ化といっても、やはりボトルネックは農業生産に関わる部分にある。農村にはＩＣＴ化に前向きな農家とそうでない農家があり、２０２０年においても混在している。

前向きな農業者は農村のほんの一部にすぎない。水田の規模なら１００ヘクタールを優に超えるなど、大規模な経営で、かつ契約栽培などで、マーケットを意識している農家である。つまり、フードチェーン農業を実践している大規模農家が前向きな農家である。

こうした農業者の比率はこれまで述べてきたように、わずか2％以下と非常に少ない。ほとんどの農家は、ＩＣＴの可能性はわかるが、自分ではやめておいた方がよいという方に属している。現実をみれば農業ＩＣＴ化はまだ黎明期といったところだろう。

しかし、技術革新は参加する農家数では語れない。現に少数の前向きな農家群は、すでにわが国の農業の半分近いシェアをもっている。今後さらに伸び、２０３０年には約7割以上になると本書では予測している。一部の農家にすぎなくても、農業のＩＣＴ化は急速に日本農業を覆い始めるだろう。

図表５－１に、ＩＣＴに前向きにトライしている経営を列挙してみた。トップリバー、こと京都、イシハラフーズ、ＮＫアグリについては前章でも紹介した経営だが、イオンアグリ創造は水田と露地野菜の大規模経営である。新福青果は露地野菜で日本でも有数の経営である。このほか、鍋八（愛知）、横田農場（茨城）、フクハラファーム（滋賀）は、水田で１００ヘクタールを優に超える経営である。

いずれも大規模経営だが、この表は、意図的に大規模農家を

図表5-1　ICTに前向きな農家

名称	規模
イオンアグリ創造	水田と露地野菜400ha
イシハラフーズ	露地野菜210ha　750枚
トップリバー	レタス35ha
新福青果	露地野菜　120ha　355枚
鍋八	水田130ha　2000枚ほど
横田農場	稲作130ha
フクハラファーム	水稲150ha
こと京都	ねぎ28ha　300枚
NKアグリにんじん	7道府県、50人で栽培

選りすぐったものではなく、ICTを利用している事例を集めたところ、結果的にこうした大規模経営のところになっていたのである。

つまり、ICT導入農家は、およそ1億円以上の売上のある、これまでの日本農業では考えられないような規模をもっている経営である。同時に、プロダクトアウトではなく、市場動向と緊密な関係をもち、マーケットイン型の農業を実践している経営といった共通点もある。

ICTを導入している経営に、大規模なフードチェーン農家が多いのには理由がある。

まずもって、大規模化すると生育状況や圃場状況、雇用や作業者の状況が把握しにくくなる。作業適期を逸し、適地適産が困難となり、作業の内容や作業圃場を間違えるといったミスが起きやすくなる。ミスをなくし、品質確保に必要な作業を的確に行うためには、作業工程の合理化や労務管理が必要となり、そのためには的確な人員配置が必要とされるが、近年ではそれをICTで代行できる要素が多くなっていることが大きい。

また、フードバリューチェーン全体を視野に入れた農業には、顧客の要望に的確に対応するという役割がある。それには、流通の川下にある実需者や、顧客の要望等の情報を的確に取得して、それを関係者間で緊密に連絡を取り合う必要がある。具体的には、出荷に合わせた収穫時期や、川下の要望による商品や荷の作り方、さらには流通や物流の合理化等々が求められているが、それにもICT化は有効な手段となってきている。

実は、図表5－1にあげた経営は、規模の効果や、フードバリューチェーンの最適化によって、もともと高い生産性をもっている。つまりもともと生産性の高い農業経営が、作業工程の改革や顧客対応、さらには社会的ニーズへの対応からＩＣＴ導入に前向きになり、そのＩＣＴ化によってさらに生産性を高くするといった構図にある。

ただ、農業の情報化の現状は、ＰＣやスマートフォンを利用した農業の一部分のデジタル化にあり、まだまだ初歩的な段階にある。センサーやクラウドによる圃場データのデジタル化をどう進めるかが課題となっている。

水田や畑で農業機械が自動走行しドローンが飛ぶスマート農業

スマート農業とは

はたしてＩＣＴはどこまで農業の生産性向上に寄与し、どこまで事業拡大に寄与するのだろうか？

農業のＩＣＴ化といえば、圃場を自動運転の農業機械が走り、上空をドローンが飛び交う姿がよく語られる。確かにその通りだが、私は、ＩＣＴ化に前向きな農家のニーズに、いかに応えていくかが大切だと思っており、農業機械の自動化等によって何が起こっているのか、農家のニーズに応えられているのか把握しておく必要があると考えている。

農業のＩＣＴ化は、スマート農業と名付けられ、農水省主導で進められている。それはSociety5.0と称した国の競争力強化戦略の一環としてある。

農水省がスマート農業で行おうとしているのは、フードバリューチェーン上にある情報収集というよりは、もっと初歩的な農業生産に関わるデータの収集とデジタル化であり、それを通じた農業生産工程の合理化である。センサーやクラウドの開発によって、データに基づく、いわゆる根拠に基づく農業（Evidence-based Agriculture）を一層進めることである。スマート農業は、農水省によって一種の生産技術として定義され、次のように述べられている。

ロボット技術、ＩＣＴを活用して、超省力・高品質生産を実現する新たな農業であり、その実現課題には、①超省力・大規模生産を実現する。②作物の能力を最大限に発揮する。③きつい作業、危険な作業から解放する。④誰もが取り組みやすい農業を実現する。⑤消費者・実需者に安心と信頼を提供する、といった五つの項目が挙げられている。

この五つの項目をあえて分ければ大きく二つのカテゴリーがある。一つは収量、品質・付加価値の向上（②⑤）に関することであり、もう一つは労働生産性や効率の向上（①③④）に関わることである。いずれも肥培管理技術や機械化技術といったプロダクトサイドの技術による生産性向上に焦点を当てている。

農機の自動走行やドローンでおきる農業の改革

スマート農業が、自動走行の農業機械が圃場を走り、上空をドローンが飛び交う農業だとすれば、そのことによって何が起きているのか、それをＩＣＴ化の推進サイドである企業の側からみてみよう。

クボタやヤンマーはわが国有数の農機メーカーだが、ともにGPSを使って自動走行する無人トラクターを開発している。田植機、コンバインも無人で自動走行可能で、それぞれの農機には無線LANを搭載しており、タブレット端末を通じて監視・操作することができるようになっている。

農業機械の自動走行は、作業効率の向上に結びつき、労働生産性の向上に一役買っている。しかしそれだけではなく、クボタのKSAS（Kubota Smart Agri-System）やヤンマーのSAR（Smart Assist Remote）は、生育データや収穫データから、肥培管理の精緻化を行う仕組みを作り上げている。

例えば、ヤンマーのSARは、ドローンや衛星から稲の幼穂形成期の画像を手に入れ生育状況を把握し、施肥などの肥培管理などに使われている。

撮影したデータから生育のバラつきがわかる生育マップを作成し、それをもとに施肥必要量を入れた施肥量マップを作成する。その情報をドローンや無人ヘリに読み込ませ、生育が悪い所へ時期を逃さず集中的に肥料散布し改善する。さらに、生育マップから、気になるところに焦点を絞った土壌診断をし、土壌改良資材など改善提案を行い、春には施肥量マップ連動トラクター等で基肥を行っている。

他方、クボタのKSASコンバインも、コメの食味と収量を刈り取りと同時に把握し、そのデータをもとにグーグルマップで水田一枚ごとに管理できるようにしている。施肥設計を作り、次年度以降の肥料設計に役立て、同時にＫＳＡＳ対応の田植機やトラクターと連動させることで、翌年には圃場ごとに自動調整施肥を行えるようになっている。

水田や畑での生育環境を把握し、適切な肥培管理に応用するＩＣＴ

ヤンマーやクボタの事例では、機械と連動した肥培管理が行われているが、重要なのは、機械に付いているカメラやセンサーであり、それによって取得された画像や情報などのデジタルデータである。それをよりどころにしながら適切な肥培管理が行われるようになっている。

センサーは農業機械と切り離されているケースも多く、水田の温度、水位、水温、湿度、日照量等のデータを時々刻々自動的に測定し圃場状況を把握できるクラウドもある。ＰＳソリューションズのe-kakashi、ベジタリアのPaddyWatchは、遠隔地からタブレットやスマートフォンで水田の状況が確認できるクラウドである。

農家は、これらのデータをもとに登熟時期や収穫時期の判断をするとともに、生育ステージと日照量、湿度、水温等々と病気との関連をよりどころに、病気が発生しやすいタイミングを判断し、農薬を散布するか否かの判断に利用できる。指標に異常があれば居ながらにしてわかるし、水温が上がりすぎれば、水をかけるなどの対応策が迅速にできる。そうなれば、水管理のために巡回する労働も削減でき、灌水や農薬散布、収穫の時期などの適期作業が可能になる。

PaddyWatchは、センサーで水田の水位の計測を可能としているが、そこから水門の自動開閉ができて水位調整まで連動できないかと考え、自動開閉する水門の開発も進めている。PaddyWatchが行った実験では、水田の見回りの回数が平均で35％、見回りに要する時間が平均で43％削減されたという。

収量・品質の上でも効率性の上でも、ともに向上が期待できる技術となっている。

様々なクラウドが開発され、施設園芸や畜産でも進むスマート農業

農業クラウドの開発

農業のＩＣＴ化の本質は、得られたデータをデジタル化して利用することにある。その基本システムは、水田であろうと、畜産や野菜であろうと変わるものではない。さらにいえば、農業だろうと農業以外であろうと、変わるものではない。

その基本システムを単純にいえば、①データをデジタルにして入力し、②クラウドに蓄積し、③その蓄積データを利用するといったものである。

データ入力は、ＰＣやスマートフォンを利用した手入力からセンサーによる自動入力まで幅広い。

農業クラウドは、データを収集し、それを蓄積しさらに活用するソフトを内包したインフラである。

図表5-2　開発が進むクラウドやセンサー

製品名	会社名	特徴
Akisai（秋彩）	富士通	農業の総合管理クラウド
アグリネット	NEC・ネポン	ハウスの制御クラウド
GeoMation Farm	日立ソリューションズ	農業の総合管理クラウド
KSAS	クボタ	コンバインのセンサーから水田一枚ごとに食味と収量のデータを管理できる
SAR	ヤンマー	コンバインにセンサーを搭載し、収穫量、収穫物の水分測定、乾燥に役立てる
豊作計画	トヨタ	トヨタが培った手法ノウハウをコメ生産に適用した管理クラウド
アグリノート	ウォーターセル	グーグルマップで農地ごとの作業を記録できる
Kintone	サイボウズ	適応範囲の広いクラウドで、農業にも応用可能。独自の計算式で旬の収穫日などを予測
e-kakashi	PSソリューションズ	水田の水位や水温、地温、湿度を計測
フェースファーム	ソリマチ	生産履歴対応。ヤンマーSARと連動
みどりクラウド	セラク	ハウスの制御クラウド
ゼロアグリ	ルートレック・ネットワークス	ハウスの地下部のデータ、培養液等自動制御
畑らく日記	イーエスケイ	簡単に栽培履歴を記録できる無料のアプリ
ファームノート	ファームノート	牛の発情、疾病管理等牛群管理　首にセンサー
牛歩システム	コムテック	牛の発情、疾病管理棟牛群管理　足にセンサー
しっかりファーム	富貴堂ユーザック	多様な作業体系にカスタマイズ可能
フィールドサーバー	イーラボ・エクスペリエンス	モニタリング、監視等を行うセンシング機能と通信技術を一体化したモニタリングデバイス
PaddyWatch	イーラボ・エクスペリエンス	水田の水位、水温等のセンサー。見回り労力の25%削減
おんどとり	T&D	1万円強程度の安いセンサー
アグリドローン	オプティム	カメラで害虫の発見
アグリクローラー	オプティム	ハウスで、360度を同時に撮影できる全天球カメラ
Remote Action	オプティム	メガネのレンズに仕込んだ小型のディスプレイで画像の共有
パデッチPaditch	笑農和	遠隔からの水位調整システム
航空写真	プレシジョン・ホーク（USA）	ドローンで作物のリアルタイムの情報を観測、収集、共有、保存、処理

ICTの大企業も存在しているが、多くは地域スタートアップ中心で開発が進んでいる

農業クラウドといったいい方は、農業に利用されることを意図したクラウドというにすぎないが、クラウド自体の利用範囲は、圃場での農業生産はいうに及ばず、経営管理や農産物販売など多岐にわたり、さらにいえば、他産業や生活など様々な局面への利用が可能で、農業に限るものでもない。

それをあえて農業といっているのは、センサーや、画像データの取り込みなどの入力に関わる技術開発と、クラウドの開発に、農業や水田の特徴を反映した特別な仕様があるからである。農業技術には、自然条件や、植物の生育や土壌条件、さらには農業経営の零細性など、農業がもっている特殊性への配慮が求められている。

そのため、どのような利用局面を想定するかが違うとセンサーも収集されるデータも異なり、クラウドも多岐にわたることになる。図表5－2は現在各社が提供している主な農業クラウドだが、水田や畑作向けのクラウドもあれば、園芸ハウスや畜産に特化したクラウドもある。また、同じ目的に利用されるにもかかわらず違ったクラウドも様々に開発されており、農業クラウド開発は競争状態にある。

施設園芸のＩＣＴ化

オプティムの OPTiM Crawler は、ハウス内の植物の葉や実をカメラで撮影しながらその動画をクラウドに上げ、ハウス内の作物の生育状態を監視している。イチゴであれば、実の密度がわかり、適切な摘果につなげ、アスパラガスであれば、茎の伸長度合いで収穫の適期を伝えられる。将来的には、圃場ごとに撮影した写真の波長を解析し、生育障害などの作物診断を行うことも検討中という。同じオプティムのOPTiM Agri Droneは、マルチスペクトルカメラで害虫を検知するという。大豆畑の上空からハスモンヨトウの幼虫などを探し出すと、葉の近くまで下降してピンポイントで殺虫剤を発射する。

施設型農業で大がかりなのは、アグリネットのモニタリングシステムである。温度・湿度・CO_2濃度等々の多種多様なデータが数値化されてどこでも見えるようになっている。データはクラウドに集められ、個々の項目に関して遠隔制御できる状況に置かれ、常にハウスの内部が作物にとって最適の環境になるよう留意している。日照量が多くなれば、自動的にカーテンを閉め、温度が上がれば窓を開いて換気するといった動作を、自動的にやってくれる。気象条件やハウス内部の環境条件の変化に応じ、最適な環境を維持するための制御を、窓やカーテンの開閉で行っているのは、農業の施設化、ICT化として一歩進んでいる。だが、ここで得られたデータをもとにどのような生産上の工夫がなされているかに関しては、まだよくわかっていない。

畜産のICT化

畜産のクラウドには、Farmnoteや牛歩システムがある。牛の発情発見のクラウドで、発情すると運動量が増えるという点に注目した適期作業を教えるクラウドである。

Farmnote Colorは首輪をつけて牛の運動量を測り、牛歩は、雌の足首にセンサーつきの歩数計を着けて状態を伝えている。1時間単位で、24時間リアルタイムに発情情報をグラフに表示でき、居ながらにして牛の様子を把握することができる。Farmnote Colorは、牛群管理システムFarmnoteと連携させると、自動的にその牛の個体情報が表示され、飼養データと活動データを組み合わせた牛群管理が可能だという。

牛温恵は、分娩の兆候を検知し出産作業に立ち会えるようにするクラウドである。体温センサーを用いた母牛の遠隔監視サービスで、母牛の膣内にセンサーを留置して体温を監視し、5分間隔でセンサーから体温データをサーバーに送信できるようにしてある。母牛の体温が下がると出産段取り通報、破水によりセンサーが抜けると駆けつけ通報といった具合だ。24時間体制で監視し細かい経緯を見守れるだけでなく、夜回りをする必要がなくなり、農家はゆっくり眠れ、かつ大事な出産には立ち会うことができ、事故が大幅に減少するという。

スマート農業では肥培管理の精緻化や作業の効率化など生産の改善が進む

農水省が進めるスマート農業は、肥培管理技術の向上と機械化技術の可能性といったプロダクトサイドの生産性向上に焦点を当てていると先に書いた。

スマート農業の成果もそれに準じている（図表5－3）。

まず、一つ目の肥培管理技術の向上である。作物の生育状況をその時々で把握し、水管理、防

図表5-3　スマート農業のICT化と生産性

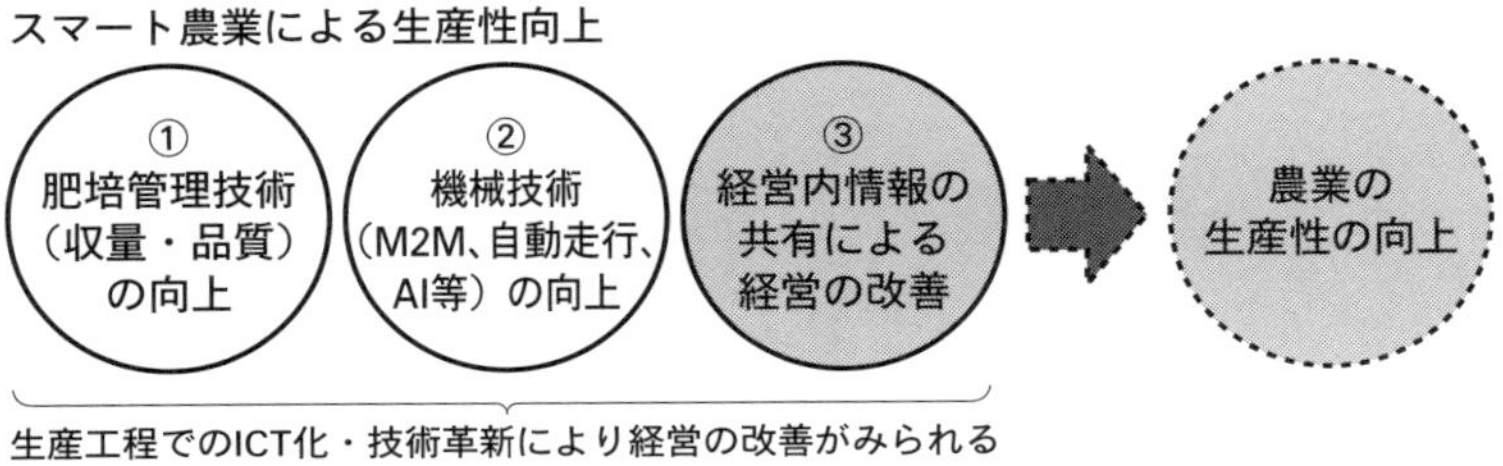

スマート農業の成果
①収量・品質向上のための肥培管理の向上（BC技術の向上）⇒進展している
②機械化・自動化などによる効率の向上（M技術の向上）⇒進展も、課題がある
③経営内情報の共有による労務管理や収支などの経営の改善⇒進展している
④集荷や販売情報の取得と経営内共有による生産工程の改善⇒一部で進展

スマート農業の技術的課題
①機械の自動走行、機械による制御⇒跛行性等、大がかりな仕掛けが必要
②クラウド、データの開発、標準化⇒どれがいいのかわからない
③会計情報、気象データ、マーケット情報等、外部データとの連動⇒経営課題

除、除草、追肥さらには収穫時期にいたるまで生育に適した作業適期の判断を適確に行えるようになった。家畜に関しても、種付けや出産への立ち会いなど、クリティカルな作業時間帯をデータによって明らかにし適期作業へと結びつけている。さらに収量や品質等のデータと、圃場データとを組み合わせ、翌年の土壌改良や基肥、作目選定や品種選定、さらには栽培の改善に役立てている。

二つ目は機械技術の向上である。個々の農業機械の稼働データの取得や自動走行等の開発によって効率的な作業体系を作り上げることができるようになった。データが他の農業機械の稼働や自動制御に影響を与える機械同士の協業（M2M）は、土地利用型農業ではまだみられないが、温室や植物工場での諸制御ではすでに実現している。ただ、施設コストが高額で植物生産ではまだ割が合わないといった課題があり、産業として定着するのはこれからとみられている。酪農の自動搾乳装置などでも同様の初期投資の高さが指摘されており、乗り越えなければならない課題となっている。

圃場では、機械技術の進展は部分作業の合理化には大いに役立ち効率的にはなっているが、作業の季節性や機械の圃場間移動といった農作業の特殊性のために、異種作業機械の同時作業やデータ共有はまだ開発途上にある。自動制御による異種作業機械の協業（M２M）が実現するには至っていない。

農業機械開発は、作業によって跛行性がみられ、水位センサーや灌水装置なども大がかりな仕掛けが必要となるなどまだまだ課題は多い。また、クラウド、データの利用は確かに進んでいるものの、逆に様々なクラウドが開発され、利用者にとってはどれがいいのかわからないといった課題もみられるようになっている（図表５－３）。

意外と見落とされがちな情報の共有による農業経営の改善

スマート農業では、肥培管理の精緻化や機械の自動運転など、技術開発や生産技術の向上が話題となっているが、現実には、労務管理や収支の改善など、圃場技術以外のところでのＩＣＴ化による生産性向上への貢献も大きくなっている。

これは、農業のＩＣＴ化が、経営内部での情報共有をより容易にすることによって、作業工程の合理化や労務管理、従業員教育等への応用を進め、さらには収支、コスト（資材費、人件費）の把握・改善などの経営改善を進めることによる。

生産性の向上を図る上では、経営内部での情報の共有による経営の改善は、いまのところスマート農業が当初意図した生産技術の改善以上に大きな効果をもたらしている。

以下その内容について述べてみよう。

①労働や労働時間の減少、作業ミスの減少、作業工程の合理化

例えば、労働時間の減少、作業ミスの減少、労働の削減に成功しているのはイシハラフーズのＩＣＴ化である。作付面積は２１０ヘクタール、圃場枚数７５０枚に及んでおり、圃場で行った作業をそれまでは、作業後事務所に戻って入力する方式を取っていた。それを現場で入力しそのままホストＰＣに保管できるスマートフォン入力に変えることによって二度手間を省き、記入ミスを減らすことを可能にした。それまで事務所でパソコンに入力し保管するだけで３人の専任スタッフがいたのが、その作業が必要なくなり、労働時間の削減にもつながった。また、作業する圃場も、これまでは違う圃場と気づかずに作業してしまうこともあったが、そうしたミスもなくなった。

同様の作業ミスを減らしているのは、愛知県で１３０ヘクタールの稲作経営を行う鍋八である。鍋八の耕作農地枚数は約２千枚に及ぶ。それまでは、地図を片手に現場に向かうとはいえ、

誤って他人の田んぼで収穫をしてしまうこともあったという。それが、スマートフォンをみれば、その日、どこで、どんな作業をすればいいかが常に把握でき、スマートフォンの地図上で現在地と作業現場を確認できるので、誤って他人の農地で田植えや収穫をすることを防げるようになったという。

②労務管理や従業員教育への応用

スマートフォンからは、誰が、どこで、どんな作業を何時間しているかというデータをクラウドに送り蓄積できるので、作業の合理化・効率化、工程管理の精緻化、労働の軽減を図る労務管理にも応用している。

鍋八は豊作計画というクラウドを使った労務管理によって作業の合理化を進めている。このクラウドでは、播種や田植え、除草、農薬散布、収穫などで通常要する標準時間を設定し、その上で、それぞれの作業を組み立てていき、作業がいつ終わるかの見通しを立てている。全体の管理者はこの標準時間をもとにオペレーターに作業を割り振り、標準時間と実際の作業時間の乖離などをみながら管理している。

作業の遅れが発生した場合などに、手の空いたオペレーターが応援に駆けつけられるようにすることがクラウド利用の最大のメリットと考えているのがイシハラフーズである。

また、こと京都は、ＬＩＮＥやチャットも利用し、受注の状況、顧客からのクレーム、申し送りすべき事項などをリアルタイムでやり取りしており、さらに社員やパートの休み、作業開始および終了の時間などを入力し、部署内で確認し合う労務管理に応用している。

ＩＣＴは、従業員に対する教育にも有効である。

イオンアグリ創造は、ＩＣＴ化による情報共有によって、誰もがあらゆる作業をこなせることを目標としている。そのためには、苗を植えてから収穫が終わるまで定点的に写真を撮りクラウドに蓄積し、これらをすべての従業員で共有しながら生育の状況判断ができるようにする従業員教育を行っている。

新福青果でも、写真データを活用して、技術の伝承ができるようにし、農業の経験がない人には、具体的なデータを出して説明すると理解しやすいという。

③収支の明確化と比較

生産クラウドで得られるデータからコストも把握できる。計算は、投入労働時間、機械の稼働時間、肥料・農薬等の消費量等で暫定的に行われるもので、必ずしも会計情報との突合があるわけではない。

トップリバーでは、スマートフォンで入力して蓄積されたデータを圃場別収支計画表というダッシュボードでみることで、１日ごとの売上と経費の推移が圃場ごとにわかるようになっている。圃場ごとの資材費、人件費、収支の状況を社員間で共有し、他の農場の状況と比較し、相互に切磋琢磨するなどしながら経営の改善につなげている。

イシハラフーズも、圃場ごとに逐次入力される情報から収支状況をリアルタイムで確認し赤字になっている圃場がわかるようにし、原因究明や改善策を探る基礎資料として利用しているという。

2 フードバリューチェーン全体を視野に入れたＩＣＴ化が農業の生産性を高める

出荷・販売・加工に合わせた生産工程管理に役立つＩＣＴ化

農水省が主導するスマート農業からは若干ずれるかもしれないが、農業のＩＣＴ化は、出荷や販売にも貢献している。

例えば、イシハラフーズでは、加工工場の稼働状況に合わせた収穫時期のすり合わせを日常的に行うためにＩＣＴを利用している。

イシハラフーズの一次加工処理工場では、30分刻みで進捗状況を確認できるようになっているが、工場側から農業生産現場に「収穫のペースをあげよ」「予定外だが別の畑に移動して収穫せよ」等の指示を出せるようにし、圃場ではそれに応えられるようなＩＣＴ化を進めた。

また、国産野菜を原料として使っていることを切り札にしていることから、原料となる野菜の生産、加工、商品の包装、発送に至るすべての段階をトレースできるように仕組みを確立している。2004年の自社農場開設時から取り組んでいるが、当初は紙ベースで農場担当者が手書きで記入していたが、畑の面積が急速に増えてきたため、ICTを活用し、効率的に管理できるシステムの開発へとつなげている。

これによって、需給変動やクライアントから急な納品要望があった時でも対応が可能になったという。

こと京都では、販売管理クラウドを活用し時々刻々の商品の売れゆきをリアルタイムに取引先ごとに確認し、ここから得られたデータをもとに出荷と収穫の調整を行っている。

同社は外食業者からの注文を受けたあと、発送・配達状況を、注文した外食事業者がいつでも確認できる専用アプリを開発した。こうしたアプリで、同社社員の電話対応にかかる労力を減らせることになった。需要予測をバージョンアップさせ、顧客店舗の販売数量を予測し、注文が届くのを待つことなく納品する自動送り込みシステムも検討中だという。

こうした需要予測を農産部に伝え、農産部では、生育会議で収穫時期の調整を行っているが、農産部では、3カ月先までの収穫予測を立て、さらに月ごと、週ごと、日ごとの収穫計画に落とし込んでいる。生産管理クラウドで得た生育データをもとに毎週生育会議を行い、圃場ごとのねぎの生育状況から収穫日を予測し、対処法を協議し、販売情報と常に同期化させようとしている。

トップリバーも、販売の予測から生産計画を確実に立て、出荷・収穫日から逆算した工程管理を行い、予測と実績の管理を綿密に行うためICTを利用している。

スマート農業からスマートフードチェーン農業へ

集荷や販売状況に対応するためのICT化をみると、フードバリューチェーン全体を視野に入れた農業のICT化が見通せるようになる。

農水省がめざすスマート農業は、プロダクトサイドのデータをもとに、生産や経営の改善を図り、生産性の向上をめざすICT農業である。ただ実際には、それだけではなく、経営内部で情報を共有して経営改善を図るとともに、経営部門間や販売先との情報共有を進め経営の最適化をめざすなど、個々の経営の枠を超えるようになっている。ICTが、農政の思惑を超えて、フードチェーン全体の最適化をめざす農業を推し進め始めたのである。フードチェーン上の様々な主体がICTによって情報を共有するスマートフードチェーン農業の萌芽がみられるようになったということである。

ちなみにフードバリューチェーンを視野に入れた農業のICT化を私は当初フードチェーン農業のICT化といういい方をしていた（「情報化によるフードチェーン農業の構築」21世紀政策研究所2018年5月）。

他方、内閣府は、２０１８年9月から22年までの間に、農業生産から農産物流通、販売までのデータを一元化するスマートフードチェーンシステムの構築をめざすプロジェクトを発表した。これは本書で提案しているフードチェーン農業のＩＣＴ化と同じ方向感をもつものである。そこで、コンセプトの多用を控える観点から、同概念をスマートフードチェーン農業として使用することとした。本書の中では、フードチェーン農業のＩＣＴ化とスマートフードチェーン農業とは同じものとして使っている。

スマート農業が、ＩＣＴによってプロダクト情報を経営内部で共有し経営改善に資する農業であるのに対し、スマートフードチェーン農業は、個々の経営を超えたフードチェーン全体から情報を得て、自らの経営を革新していく農業である。スマート農業とスマートフードチェーン農業との違いは、以下の4点である。

第１に、扱う情報は、プロダクト情報からマーケット情報への拡大がみられる。

第２に、情報を共有する人々の範囲も、圃場や経営内部から、フードバリューチェーン全体へと広がる。

第３に、経営の見える化から経営計画へ応用範囲が広がる。

第４に、技術革新・経営改善から経営システムの革新へつながる。

フードバリューチェーンの最適化を加速するスマートフードチェーン農業

スマートフードチェーン農業の最大の特徴は、ICTによってフードバリューチェーン全体の絶えざる最適化を意図しながら、新たな農業の経営スタイルをめざすことである。そのことで規模拡大、新たな価値提供がさらに高度化し、農業の生産性は飛躍的に向上することになる。ただ、そうして生じる農業の可能性は、共有できる情報の範囲にかかってくる。どこまで情報の共有ができるか、チェーンマネージャーがどこまでチェーンを見通し、最適化を図ろうとするかにかかってくる。

エンドユーザーの情報を取りやすいのが、エレクトロニックコマース（EC）や直売所である。これらはフードチェーンのICT化では最もポピュラーなものだし、ECはアマゾンや楽天など比較的早くからある仕組みである。ただ、農業では調達（農家の参加）や物流が他の商品より難しいことから、比較的後発となっていた。直売所ビジネスもエンドユーザーとの直接取引によって、マーケットニーズが直接伝わるシステムで、ニーズがはっきりとみえるのが特徴である。

これらはもともとプロダクトアウトで始められることが多いが、販売が繰り返されることによって、徐々に何が売れるのか判断可能になり、学習効果によってマーケット情報に依拠した農業ができるようになっている。全国に多くの事例があるが、第4章であげたオイシックス・ラ・大地や農業総合研究所もそうした事例の一つである。

オイシックス・ラ・大地のビジネスの基本は、顧客と生産者をＷｅｂ上でマッチング仲介することにある。

オイシックス・ラ・大地では、顧客へ目が向いており、販売情報をもとに新たな商品やサービスの提案を行うなど、顧客個々人に合った商品を推薦するワントゥワンマーケティングを行っている。Ｗｅｂサイトの管理および顧客からの受注、発注、仕入れ、在庫、発送、売上管理までの大半の業務を同社自ら開発したシステムで行っている。そうして得られた顧客情報から顧客分析を行い、分析情報を農業者に伝えている。他方、農業者はそうした情報を得ることで、売れ筋に沿った生産を心がけるようになる。

農業総合研究所の農家直売システムは、店舗の売れ筋情報や、個々人の出店者の農産物の売れ行き情報、店舗ごとの売れ筋情報をＷｅｂ上で適時みられるようにしている。この仕組みももともとプロダクトアウトの方式だが、やはり販売を繰り返すことによって、売れ筋や顧客のニーズを把握し、出店店舗を選んで、ニーズに沿った作付作物や栽培方式への転換を図るなど、マーケットインの体制を構築できるようになっている。

例えば、当初ほうれん草とトマトを10店舗に分けて出荷し、およそ年間３００万円の販売額をあげていた農業者が、Ｗｅｂ上で、寒じめほうれん草が高い値段を取っていることやそれがよく売れる店舗がわかることで、作付転換し、よく売れる店舗に販売の重点を移すことで翌年は

500万円の販売額になったケースがある。このシステムでは、情報を駆使することによって1千万円の販売額へ拡大する農家や、中には5千万から6千万円まで拡大させた農家もみられるようになっている。

カルビーは、エンドユーザーなどの顧客情報を直接農業者に開示するのではなく、自社でも、それを商品開発に役立てている。その上で、それに合った品種や栽培方式を研究しその結果を契約農家に開示している。収穫されたポテトも、三連番方式といわれる物流システムによって、圃場や流通ルートが明確になる仕組みを取っている。

NKアグリは、おいしさと保健機能を評価軸にした新たなバリューチェーンを構築している。生産現場でのセンサー使用にとどまらず、会社経営全体をテクノロジーで最適化することを視野に入れている。会社としての規模は小さすぎるので、当面、出荷団体を地域単位ではなく、品目単位に絞って全国横断的な組織を作ることをめざしている。

こうしたことを、ICTを進めながら総合的に行っているのが、デリカフーズである。デリカフーズは、売上高400億円強の業務用野菜の卸売会社であり、図表5−4のようなフードバリューチェーンを構成している。

顧客の配達先はおよそ1万軒あり、そのための配送・物流システムを構築している。

フードバリューチェーン上では、①外食・中食産業の顧客が、いつ、どれだけの量をほしいかを常に把握し、②それに基づき、契約農家や産地と作付面積や価格を播種前に相談し、安定価格

図表5-4　デリカフーズのフードチェーン

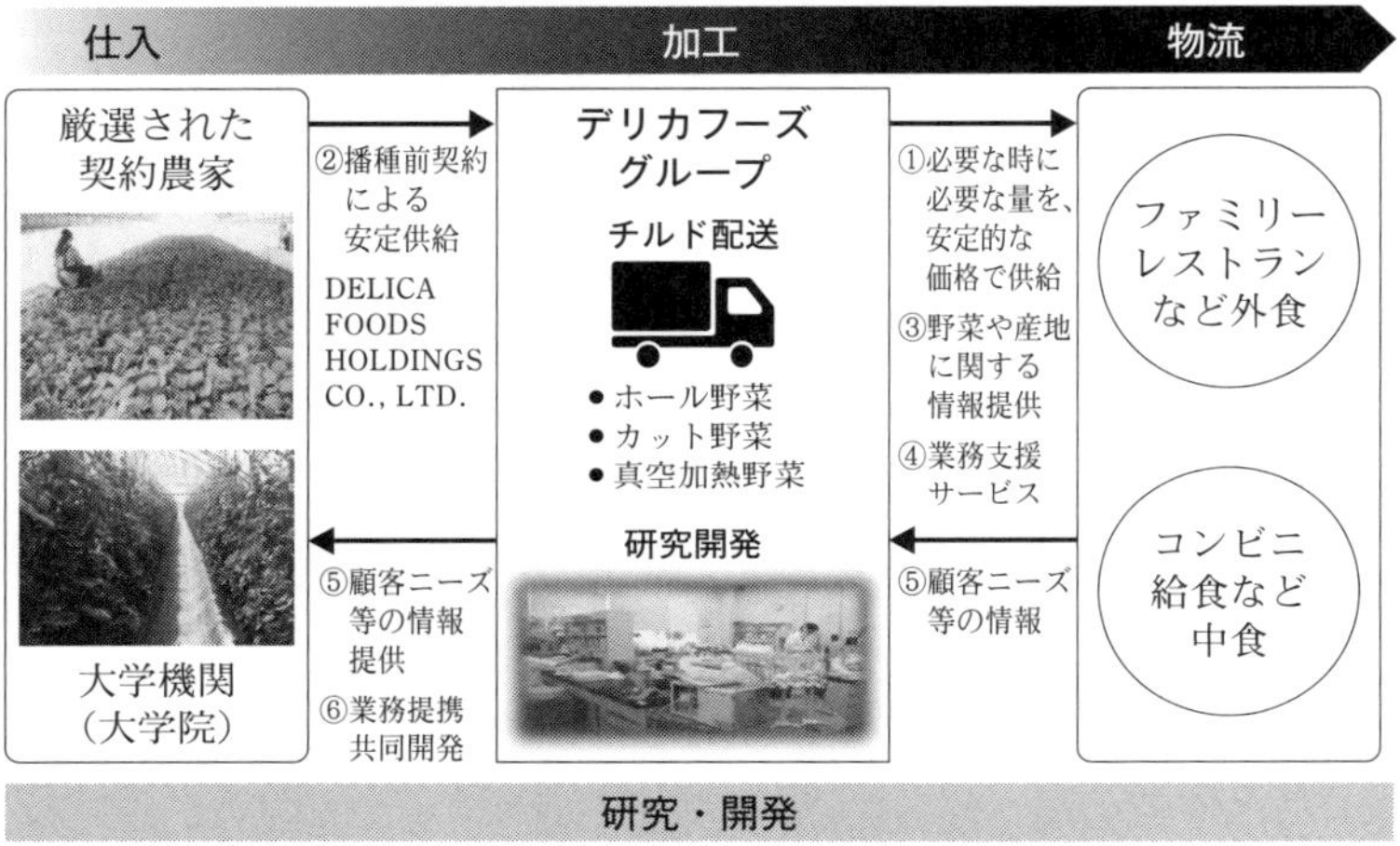

出所：デリカフーズ

と安定供給の実現をめざしている。

さらに③外食・中食に対しては、はやりの野菜やそれをどこから調達すればいいのか等の情報を提供し、④メニュー提案などの業務支援サービスを積極的に行っている。⑤産地に対しては、需要のある野菜やどれだけ作ればいいかの情報を提供し、場合によっては、⑥農産物の共同開発を行っている。こうして産地と外食・中食をつなぐ情報流通機能を強化している。

配達箇所が1万カ所もあると、個々のサービスや、情報はICT化せざるを得なくなっており、顧客とデリカとの日常的な配送システムや社内情報はすでにICT化し共有を進めている。また、得られた顧客情報も、それを分析等に使用し、デリカスコアというものを作るなど、今後の農産物生産や流通のあり方を考えるのに役立てている。農業生産者との間では、

ICT利用と人を介しての情報共有とが混在しているが、どちらが効果的かを見極めながらチェーンの最適化とICT化を進めている。

フードチェーン農業は、顧客情報に農業がいかに適応するかといった観点で進められることが多い。その際よって立つ顧客、マーケット情報はそれぞれ異なっていることが多い。

エンドユーザーの生の声や消費データ、さらにそこから求められているものを分析したデータ、さらに進めて提供する価値や提供するスタイルなどを分析したデータ等々様々な情報がある。一般的に、ニーズ情報は、よりエンドユーザーに近い情報がものをいうので、そうした情報は、シンプルでICT化しやすいこともあり、顧客を直接対象にするECなどのB to Cビジネスでは比較的容易にICT化ビジネスが作りやすくなっている。

だが、マーケットから提供される情報やそれをベースにした価値の創出に関しては、まだまだ深掘りする必要がある。また、情報を共有するフードチェーン間のすきまもまだまだ大きいものがある。

すきまはチェーンの諸局面に存在しており、その一つひとつの局面で、いかにデジタルに情報でつながるか絶えず試みられている。そうしたことを視野に入れた場合、チェーン全体でのICT化は、ある部分では進むがある部分では人力でというように混在することが多くなる。

それでも、農業では、ICT化によってフードバリューチェーンに存在するデータ、特に顧客データで生産プロセスを最適化するスマートフードチェーン農業を強化する方向に向かっているのは間違いない。

3 産業規模が小さくても農業のＩＣＴ化が進むわけ

農業ＩＣＴ市場の特徴（市場の狭隘性、顧客の不在、ＩＣＴ効果の限界）

農業のＩＣＴ化は、農水省や内閣府が関与しつつ、Society5.0に関わる国の予算を背景にしていることが推進力となっているが、実際には民間を中心に進められている。民間では様々なクラウド、センサーの開発が行われており、農業のＩＣＴ化は、今のところこうした開発競争状態にある。

だが大手のＩＣＴ関連企業からは、農業部門のＩＣＴ開発への積極的な意見はあまり聞こえてこない。むしろ冷やかにみている感がある。その理由は、農業は、利用する農家数も少なく、市場規模も小さいことに加え、農家の規模の零細性から開発の効果も小さいなど、ＩＣＴのビジネスとしては成立しにくい環境にあるというものだ。

① まず市場規模だが、農業自体の産業規模が小さい上に、その利用者が今のところわずか２％程度の農家に限られている。農業ＩＣＴの市場規模はせいぜい24億円から64億円、多くて１７０億円程度と考えられている。

② 利用農家が少ない上に、それが大規模農家といっても農業の世界で大規模なだけで、産業界としては農業の零細性や、ICTリテラシーに弱いことなどから、ICTを利用する顧客がどこに存在しているのかわからないといった状況がある。これまで農業界は農業界として独自にやってきたため、ICT企業からすると農業界の状況がよくわからないといった事情もある。

③ さらに、農業は、屋外での生物の成育ステージに合わせた作業が中心で、それ自体気象や土壌などの自然条件に左右されるため、ICTの効果を発揮しにくいといったことなどが指摘されている。

ここには、市場の狭隘性、顧客の不在（見えにくさ）、効果の限界という農業ICT化の三つの課題が横たわっている。

それでも多くのクラウドの開発がみられ、多くの企業の参入がみられるのは、いずれも、なんらかの工夫をしながら参入しているからである。三つの課題に対し、ICTベンダーの対応をみるとおよそ次の3点がある。

第一に、すでに他の目的で開発したクラウドやシステムを農業に応用するというもの。市場が小さいため、開発コストをかけたくない企業にとっては、既存のシステムを応用することが農業でのICT化の戦略の一つになり得る。

第二は、クライアントとして、規模の小さな農家を対象とするのではなく、農家を束ねている

JAに期待し営業の対象とするというものである。零細な農家が農業ICTへのインセンティブやリテラシーをさほどもっていないとするならば、企業にとって「見える」顧客は、農村でそれなりの事業規模をもつJAということになるようだ。企業にとっての顧客ターゲットは農協であり、農協を入り口として農業ICT化を進めようとするのがほとんどのICTベンダーの行動スタイルとなっている。他方、売上1億円規模の法人をターゲットとしたいとする企業もあるが、対象者はほんの一部とならざるを得ないということもある。

第三は、一社で市場浸透するのではなく、他の企業との連携を模索しながら、参入するというもので、特に5～6年前から（2014年ごろから）はベンチャーと大企業が連携するといったパターンが増えている。実は、近年のクラウド開発、農業のICT化には、このパターンが多い。ICTベンチャーは規模も大規模農業者と似通っており、農家とコミュニケーションしやすい状況にある。そうしたベンチャーが、先に述べた売上1億円規模の農業者と連携を取りながら開発に加わるといったパターンがみられ、それを大企業が支援するといったケースである。

地方ICTベンチャーの活躍と大企業の支援

地方には零細なICT企業が多い。零細といっても大規模農家よりは販売額が大きいのが普通だが、農業経営者を近くに感じられる地方ICT企業が、農業にビジネスチャンスを見出し、農家が必要としている開発を行うケースが増えている。提供するサービスは畜産や、水稲というように特化し、さらにその中でも、積算温度の計測や、牛の体温測定といったように個々の事象に特化していることが多く、小回りがきく開発を得意としている。そうした、ICTベンチャーが進めている開発を、大企業が、資本や販売等、様々な面からサポートするといった関係がみられる。

例えば、水田監視クラウドを開発しているPSソリューションズは、ソフトバンクが資本支援しており、牛温計の大分県のリモート社を製品販売等で支援しているのはNTTドコモである。宮崎の牛歩システムを開発したコムテックの販売支援は富士通が行っている。富士通自らはJAを担当し、小回りのきくベンチャーは個々の農家へといった、販売ターゲットのセグメンテーションを行っている。

大企業とベンチャーは、販売網、資本提携、技術提携と多様な連携を築きながら農業ICT化を推進している。農業に関する専門知識や営農、解析、コンサルに関してはベンチャー企業の方が進んでいると指摘する大企業は多い。大手が作ったクラウドは、農業者にとっては過度に重装備になることが多い。一般的な使用に当たっては、メニューを絞り込んだ軽装備のもので十分で、そうした意味でも開発に関しては農業事情に明るいベンチャー企業が主導した方がよいということ。現場に近い強みがベンチャーでは生きているということだろう。

また、大手が独自で開発した場合、社内の審査工程などのプロセスが多く、時間を要して販売までに数年かかることがある。その点ベンチャーはフットワークが良く、開発が早いとベンチャーの早さを指摘する大企業もある。

他方、農業ＩＣＴベンチャーにも課題がある。販売力が弱いため、サービスの良さが一部の地域にしか認識されず広がらないことである。その影響もあるのだろうが、開発費の回収に困難をきたしてしまうこともある。そこに大手が連携して資本提携や販売提携に乗り出す基盤がある。

特に販売でサポートできる体制を目的意識的に構築しているのはＮＴＴドコモである。ベンチャー企業が開発したものをモバイル仕様にできるなど付加価値を加味することも可能である。さらに、ＮＴＴドコモの場合には、通信の分野での技術支援が可能だが、こうしたサポートもさることながら、ベンチャー企業からみたＮＴＴドコモの魅力は、全国２００カ所ある営業網であり、これを使って全国展開ができる販売へのサポート（コールセンター、マニュアル作成等）にあるという。ＮＴＴドコモでは、もともと農業向け営業はなく、法人営業部に所属し、地銀・信金担当だった部署が始めたＪＡへの営業が発端になっている。

大手の情報メーカーや農機メーカーに加え、予想以上に地域ＩＣＴベンチャーが農業クラウド開発に参加している。その多くは、いずれも大手情報メーカーと連携を取って、販売や知名度を高めているクラウドである。今後は、資本提携や技術提携など、農業クラウド開発をめぐって連携が強くなっていく可能性が高い。地方ベンチャーは、顧客を身近に感じており、大企業とコラボすることによって徐々に、それを必要としている農村顧客を明確化していっている。

データの互換性やビッグデータ等、クラウド開発上の課題

ただ、これだけ多くのクラウドがあると、システムフォーマットが開発企業によって異なり、データの互換性に欠け、利用しにくいといった課題が生じている。クラウド、データの開発、標準化が進まず、「どれがいいのかわからない」といった課題や、会計情報、気象データ、マーケット情報等と外部データとの連動がなかなか進まないといった課題がある。

イオンアグリ創造では、「全体ではH社のシステムを活用しており、一部分のソフトに限定してI社のものを組み込みたいと思っても、互換性がなく一気通貫ができない」という。そのため機能的に優れたI社のものを使おうにも使えず、不便を感じながらもスタッフに自助努力を強いることとなった。

生産情報と会計管理、販売管理の間のデータの互換性の欠如は、同じ会社のシステムでも起きている。会計データは、通常、経営単位で作成されることから、圃場単位で蓄積される生産データとの突合が難しいことが多く、結局圃場ごとのコスト計算は、生産クラウドで得られる人員、物財投入量で類推することが多い。農業ＩＣＴ化は、生産クラウドの開発に特化していることもあり、会計データに限らず、気象データやマーケット情報など、一般的に外部データとの連動に後れがみられる。

トップリバーは、蓄積されたデータを組み合わせ、こういう分析をしたい、こういう見方がで

きるようにしてほしいという要望をシステム構築業者に出すと、そのための開発に毎回時間と費用がかかっていたという。また、データベースに蓄積されているデータをコピーアンドペーストできず、手で入力し直す必要があるなどの問題もあった。そこで、蓄積データをモーションボードというアプリケーションを通じて、加工・編集・閲覧できるシステムを多額の予算で構築してもらい、初めて定植計画および実績生産計画および生育予測、圃場別反収単価推移といった、同社が求める100種類を超えるダッシュボードを作り上げることができた。

少なくとも、農業ICTに共通するプラットフォームが構築され、データを利活用できるようになれば、ICTの利用価値も上がり利用者も増えるのではないだろうか。それらのことがまた、価格の下落をもたらすことにもなり、農業でのICT活用がより一層進むのではないだろうか。

プラットフォームづくりは、実は、ICT企業でも考えており、富士通は、顧客ターゲットの違いを前提に、ベンチャー等にインターフェースを公開し、互換性を高めるのがベンダーの使命だといっている。NTTデータグループも、様々な角度からアプローチし、民間のプラットフォームを築いていきたいとしており、こうした考えは大手のICT企業に共通しているようである。中には、商社が中心となって推進することも可能ではないかと提案する事業者もいる。

現在は、新たな製品の開発が行われている状況だが、製品開発がある程度進んでくれば、次にデータの互換性やフォーマットの統一といったことが模索され始めるだろう。そうしたことが進めば、システム導入の初期コストの低廉化につながる可能性もある。現在は、高額なため補助金がないと実現できないが、やがては低廉になることも考えられる。

また、センサーは農機具扱いにならず、商材としての分類が整理されていないため、これまで機械の導入に補助金を使ってきた農家からすれば、自己資金を使わざるを得ず、勝手が違うといったこともあるようだ。

他方、システム開発をＩＣＴベンチャーなどに外注せず、農家自身が開発しているケースも出現している。イシハラフーズのシステムの最大の特徴は、既存の商品を使わず、同社の社員が開発したオリジナルのものという点だ。アップル社のファイルメーカーを使って作り上げたものだという。担当の吉川幸一氏によると、使いやすいシステムにするには、当社の仕事の流れを熟知していることが前提。仮に、専門業者にすべて説明し、理解した上で作ってもらったとしても、システムの更新もたびたびあるため、結局は自分たちで使い勝手がいいように作った方がいいという判断に至ったと話す。

イシハラフーズのように、自らの問題を自らの手で解決するパターンが最も良いスタイルと考えるが、システム開発の外注は、わが国ＩＣＴ界の常識になっており、また零細な農業経営のなかでどれだけこうした経営が出てくるのか、今後を注目したいところである。

4 農業のＩＣＴ化は、社会全体の情報を得てはじめてSociety5.0につながる

スマートフードチェーン農業からSociety5.0のデータ駆動型農業へ

農業ＩＣＴ化を一般論としていえば、多種多様のセンサーデバイスからデータを収集し活用することによって農業の生産性を向上しようとするものである。それに寄与する農業のＩＣＴ化の内容は、情報の収集範囲と利用範囲によって異なってくる。

スマート農業では、農家に対象を限定するせいか、農業生産の場での開発に終始する感がある。

それも確かに必要なことである。だが、同時に、農産物のフードチェーン上にある様々な情報、例えば、売れ筋情報や顧客動向、農産物の流通量や経路情報、価格情報等といったものをデータ化し、分析し、ステークホルダーに提供するシステムを作る方向で進む農業のＩＣＴ化もあるように思える。いわゆるスマートフードチェーン農業である。実際その方が、圃場に特化した技術開発を推進するスマート農業よりも、社会性をもった農業になり、生産性の高い農業になるように思われる。

ここまでは、私たちがすでに経験している農業である。

農業のICT化に期待されているのは、本質的には様々な経済活動や人々の生活の隅々にまで浸透することによって社会を豊かにする農業である。そのためには共有する情報が広がることでそのような農業に近づくことである。

データの取得・利用範囲から、スマート農業、さらにはスマートフードチェーン農業といった二つのICT農業をみてきたが、さらに次のステージとして社会全体にある情報を得て、IoT／M2M技術が主導するデータ駆動型農業とでも呼べる農業を想定できるのではないかと考えている。このステージになると、全体としては、私たちが予想すらしなかったような農業が期待できるようになる。こうした農業に関しては、森川博之東京大学教授からのサジェッションが大きい（21世紀政策研究所編『2025年日本の農業ビジネス』講談社現代新書 参照）。

ここでいおうとしているデータ駆動型農業とはどのような農業か？

社会全体から得られた巨大で多様なデータ、いわゆるビッグデータを高度にマイニングすることによって駆動する農業であり、データ自身が新たな知見を生み出すIoT農業である。

多くの産業はもともと相互に影響し合っており、社会の一員として他者と有機的に関連している。そうしたなかで相互の関係を深めながら産業社会は発展してきた。農業も、顧客や消費者などに限らず、流通業や加工業、さらにはエネルギー産業などもろもろの産業と密接不可分な性格をもっている。そのような社会構造の中では、農業の有り様に影響を与えるデータの範囲は、農業生産やフードチェーンの顧客情報にとどまらず、交通、位置情報、会社情報、医療・健康情報、消費電力など、産業界や社会全体に広範に広がっている。農業を駆動し革新する契機も、農業内部だけで自己完結するのではなく、社会に広範に存在するニーズが多様に影響を及ぼしている。

そこで社会に存在するこれらのリアルなデータを大量に集めて、AIやロボティクスとして利用できるようになれば、農業はより効率的で付加価値の高いビジネスになり、さらに新しいビジネスジャンル・事業領域へと広がり、社会に広く根ざすこれまでとは異なった新たな産業になっていく可能性がある。

情報が産業や社会の垣根を容易に乗り越えるように、農業で利用するデータも旧来の産業分野を乗り越え社会全体に広がる可能性がある。

逆に農業データも、社会に開放され、他のデータと有機的に結合しながら積極的に社会を変える契機になる。例えば、栄養や料理に利用される農業データというのもあるだろうし、医療や観光やエネルギー産業に利用されるデータというのもあるだろう。健康と食べ物、食品ロスの減少、リサイクル、エネルギー、はてはスマート社会の形成に至るまで農業データは幅広く利用されることが考えられる。

社会に広がる様々なデータを利用する農業をデータ駆動型農業と呼んでいるが、スマートフードチェーン農業と異なるのは、以下の2点である。

第一に、情報の共有といった視点でみた場合、フードバリューチェーンという流通レベルあるいは産業レベルにとどまらず、社会全体での共有をめざしている点である。マーケットデータに限るのではなく、社会のあらゆる場所やあらゆる産業から得られるビッグデータを背景としている。

第二に、農業の経営システムの改革にとどまらず、社会全体を俯瞰するなかで農業の有り様、社会の有り様を問うものとなっている点である。したがってデータ駆動型農業においては、これまでの農業のイメージとは異なった農業が展望される可能性を秘めている。データ取得範囲が広がることによって、得られる知見が、農業界や食品業界にとどまることなく、社会や未来を見据えた農業をイメージしやすくなると考えるからである。

ただ、そうした農業は、残念ながら現実にはまだ出現していない。長い目でみなければならない。

スマート農業、スマートフードチェーン農業、データ駆動型農業

農業は、最も狭い農業界、さらに農産物が消費者に届くまでを対象とする農業・食品業界（フードバリューチェーン）、そして農業者に限らずすべての産業や生活を包含する社会全体といった集合の中にある。

この中で、Society5.0が対象としているのは持続的な社会全体なのに対し、スマート農業が対

象としているのは農業生産に限られた農業界だけといってよい。

スマート農業が、インダストリー4・0やSociety5.0に結びつくとするのが関係者の期待だが、私は、技術改革をめざすスマート農業から、データ自身が新たな知見を生み出し、社会システムの改革を展望するSociety5.0にたどり着くのは相当困難を伴うのではないかとの懸念をもっている。

何度も述べるように、スマート農業は、農業生産の現場、つまりプロダクトでの情報化に限られており、社会とのつながりに欠ける嫌いがある。技術革新はあくまで技術革新であって、そこには社会の必要性と常にすり合わせながら進む契機が必要である。

すでに述べてきたように、わが国の農業は、これから農家戸数や就業者数の急激な減少に対し、産出額の高い新たな経営システムや経営モデルの構築が求められている。それを推し進めるには、プロダクトサイドといった農業界だけで考えるよりも、農産物が消費者に届くまでのフードバリューチェーン全体、つまり農業・食品業界全体の、ある種の社会情報のなかで考えることの方が、より高い可能性をもっている。実際、農業のICT化を必要としているのは、大規模なフードチェーン農業の実践者であることを本書では明らかにしている。

つまり、技術革新としてのスマート農業がより一層の社会性をもち、フードバリューチェーン上の情報によって農業経営システムの改革をめざすICT化がどうしても必要となろう。さらには、食品や農産物によって、より豊かな社会を作り、それに貢献する新たな経営システムを考え

図表5-5　農業のICT化

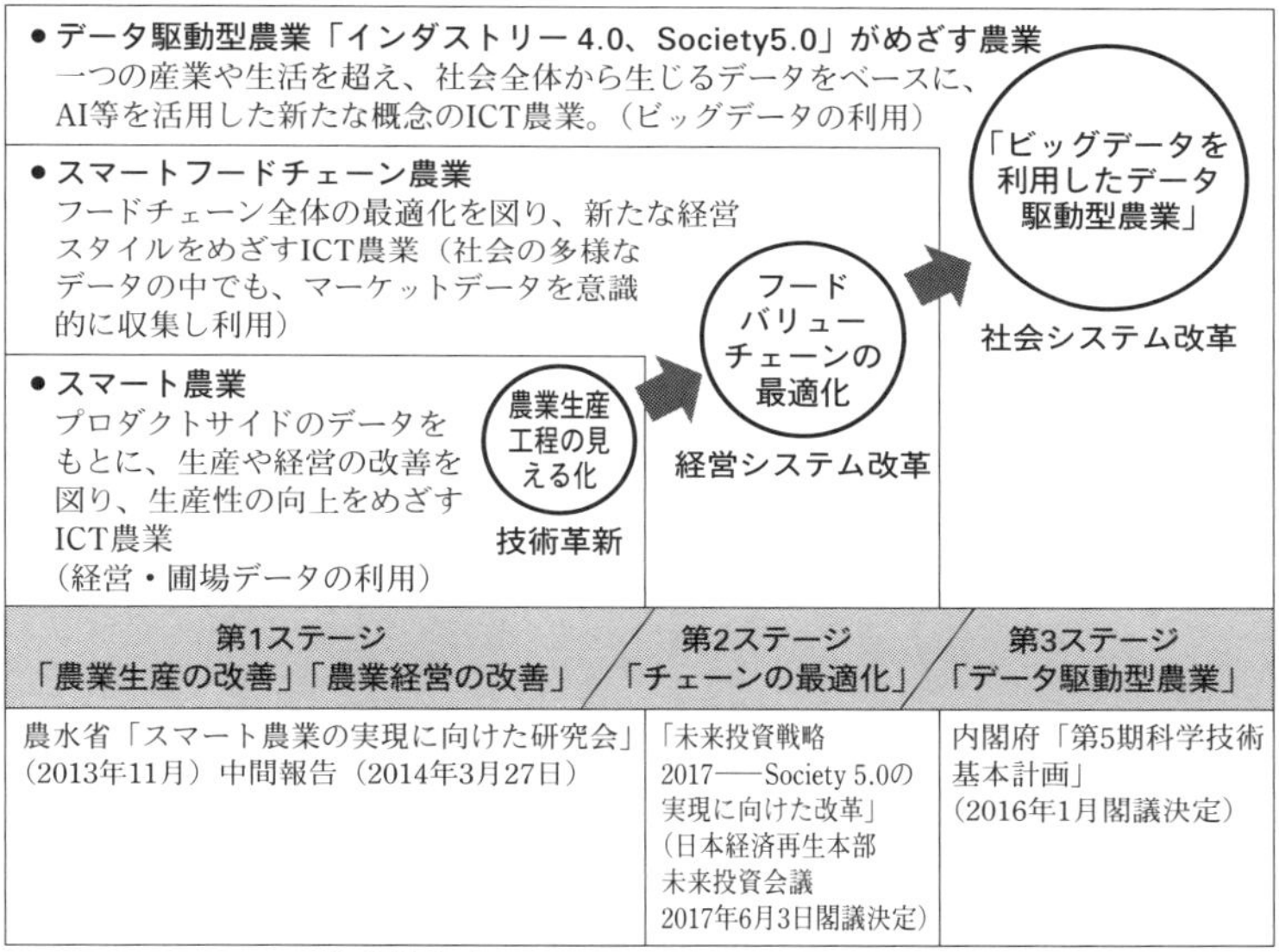

● データ駆動型農業「インダストリー 4.0、Society5.0」がめざす農業
一つの産業や生活を超え、社会全体から生じるデータをベースに、AI等を活用した新たな概念のICT農業。（ビッグデータの利用）
● スマートフードチェーン農業
フードチェーン全体の最適化を図り、新たな経営スタイルをめざすICT農業（社会の多様なデータの中でも、マーケットデータを意識的に収集し利用）
● スマート農業
プロダクトサイドのデータをもとに、生産や経営の改善を図り、生産性の向上をめざすICT農業
（経営・圃場データの利用）
農業生産工程の見える化
技術革新
フードバリューチェーンの最適化
経営システム改革
「ビッグデータを利用したデータ駆動型農業」
社会システム改革
第1ステージ
「農業生産の改善」「農業経営の改善」
第2ステージ
「チェーンの最適化」
第3ステージ
「データ駆動型農業」
農水省「スマート農業の実現に向けた研究会」（2013年11月）中間報告（2014年3月27日）
「未来投資戦略2017――Society 5.0の実現に向けた改革」（日本経済再生本部 未来投資会議 2017年6月3日閣議決定）
内閣府「第5期科学技術基本計画」（2016年1月閣議決定）

農業情報化の進展ステージ（イメージ）

る上でも、社会データによって駆動するデータ駆動型農業が展望されるのではないかと考えている。

こうして、わが国の農業ICT化は、スマート農業、スマートフードチェーン農業を経て社会全体のデータ駆動型農業にたどり着くことになる。

そうした関係を図にしたのが、図表5－5である。ここには、農業のICT化としてスマート農業とスマートフードチェーン農業に加えて、さらにSociety 5.0のデータ駆動型農業を挙げている。

これら三つをもとに、今後の農業のICT進展のプロセスを、上記の叙述に基づきながら推測すれば、まず農水省のスマート農業が提唱する領域、具体的には生産・栽培等、農業生産の改善やコストや収支などの経営の改善を図るＩＣＴ化が進展するのが第１ステージの農業ＩＣＴ化となろう。

その次にフードバリューチェーン全体を俯瞰しながら経営システムの改善に関わるスマートフードチェーン農業が第２ステージとして続く。このステージになると、それまでの経営改善といったレベルではなく、フードチェーン農業といった、新たな経営システム＝ビジネスモデルをもった新たな農業を生み出す。

ここまでは、私たちが実際に経験している農業だが、それらの次にＩｏＴ／Ｍ２Ｍ技術が主導するデータ駆動型農業という第３ステージの農業がある。

データ駆動型農業を展望する際の三つの課題

巨大で多様なデータを高度にマイニングすることによって駆動される農業がデータ駆動型農業（第３ステージのＩＣＴ農業）だとすれば、そこに到達するには多様なステップを踏まなければならない。データとどのようにつながり、相互利用関係をいかに構築していくかが鍵となるが、さしあたってはデータを着実に集めることから始めなければならない。どのようなデータを、どのような手法で集めるか、はたまたそのデータの質や量が当面の課題となる。データ駆動型農業は長い目でみなければならないというのが私の考えである。

民間にまかせておけば自然にできてくるといった見解もある。だが、同時にそれへ向けた意識的な努力と工夫がどのようなものか整理しておくことも必要となるだろう。

それには、少なくとも以下のようなハードルへの対応が必要になると考えている。

① 農業を制度的にも人材的にもオープンにし、ＩＣＴ化に前向きの気風を醸成すること。

② 農業現場や周辺ビジネスも含めた状況を熟知した周辺事業者の参加が見込まれること。かつ農業ＩＣＴ化をデザインできるアクセラレーター（インキュベーター）やＩＣＴベンチャー（スタートアップ）が農業にコンタクトできるようにすること。

③ さらに、それらの基盤としてデータが相互の境界を越えて利用し合える環境が生まれることである。

これらは、農業界でのオープンイノベーションの条件整備ということでもある。

第1の課題は、農業のオープン化と農業経営者の視野の拡大であり、ＩＣＴ化を進める農村人材の育成である。

先にも述べたように、農村の多くは、ＩＣＴ化に前向きではない。そのようななかで、誰がデータから新たな知見を得て新たな農業を構築することができるか、となればやはり農業経営者に期待するよりほかないのだろう。その農業経営者も、ある種のストーリーやビジョンがあってはじめてデータの活用が可能となるのであって、それがなければ前向きの行動に打って出られないだろう。したがって、農業界には、合理的な農業への転換や新たなビジネスモデルを構築する気風を普通のことと考えるような文化の醸成が重要になる。必要とされているのは、産業横断的な視野をもち、社会全体から俯瞰した農業を考えられる経営者群である。

第2の課題は、農業経営者と周辺産業がともに成長していく道を探すことが重要といった点である。

いずれの産業にも地域にもそれぞれの課題があり、その課題を個々別々に認識し解決しようとしてきたのがこれまでだとすれば、これからは、相互に関連したものとして解決しようとしていく姿勢がおそらく新たな社会、社会システム改革につながっていく。

そのためにもこれらの課題を踏まえ、IoT、インダストリー4・0に結びつけていくようなデザイン力をもった存在は欠かせない。オープンイノベーションの観点からは、スタートアップ企業・ベンチャー、それを支援するインキュベーター（アクセラレーター）の参加が重要になる。

第3の課題は、利用可能なビッグデータに関する課題である。データ駆動型農業にとっては、ビッグデータの利用が命である。だがそのデータは、多くの場合、特定の企業が、自社で集めたデータを自社で利用するといったケースが多く、社会全体から集められたデータを社会全体で利用することにはなっていない。

ビッグデータを作るには、データを公共財や共有財にするとか、取引市場を作るといった手法があるだろうが、現時点では、民間の私的経済活動によるデータが多いことを考えれば、取引市場を作るのが最も可能性のある方策であろう。

それにはデータの所有者と利用者の分離が前提になるが、私企業が所有するデータを市場に提供し、広く利用できるようになるには様々なハードルがある。そのため自社所有の自社利用といったケースが多く、企業が作ったノウハウは、企業の中で利用されるにとどまっている。

さらに現在は様々な企業がクラウド開発に参入しており、データの互換性にも課題がある。デジタルデータは、様々に集積されつつあるが、それを誰でもが利用できる状況にするには、まだまだハードルは高い。

政府は、農業データ連携基盤（WAGRI）を作り、データの共用をしようと考えているようだが、今後、どう機能するのか期待したいところである。

私見を述べれば、農業に限らず、産業横断的に、企業が集めてきたデータを利用したAI開発を実験的に行う、データ特区のような小さな試みがまずもって必要な気がする。

第6章

バリューチェーンの構築をめざす
成長農政と農政改革

1 成長農政で謳われた需要の拡大やバリューチェーンの構築

バリューチェーンの構築が政策目標の一つに掲げられた

わが国では、フードチェーン農業という新しいビジネスモデルができつつあり、事業拡大が進み、大規模農家による生産性・付加価値ともに高い農業へ転換しつつある。このことをもって、わが国の農業も、やっと成長産業に転換できる要素をもち始めた、と私は考えている。産出額は2010年で底を打ったあと、少しずつ上昇し始めた。

これには農政転換も追い風になっている。農政の基本的な政策目標に、バリューチェーンの構築があげられるなど、農政がイノベーティブな農家（農業経営者）の行動に親和的になり、かつ需要フロンティアの拡大と、マーケットに向き合うようになってきたのである。本書第1章で、成長農政とは、産出額や農業所得の向上をめざした、マーケット志向、経営者中心の農政だと述べたが、まさにそうしたものになってきたといえよう。

成長農政、「攻めの農林水産業」では、4つの政策目標が掲げられている。その一つに謳われたのがバリューチェーンの構築である。2012年暮れ、政権に復帰した自民党は、農業を成長産業とし、農業所得（GDP、産出額、経営の販売額）を10年間で倍増するという当時傍目には

図表6-1　攻めの農林水産業2013年

①需要フロンティアの拡大 ● 食文化・食産業のグローバル展開による輸出促進（オールジャパンの輸出体制整備等） ● 国内需要の拡大、新たな国内の需要対応（国産農産物のシェア獲得、地産地消、食育等） ● 食の安全と消費者の信頼の確保	**②バリューチェーンの構築** ● 六次産業化の推進（農林漁業成長産業化ファンド（A-FIVE）の積極的活用、医福食農連携等） ● 次世代施設園芸等の生産・流通システムの高度化 ● 新品種・新技術の開発・普及等 ● 畜産・酪農分野のさらなる強化　等
③生産現場の強化 ● 農地中間管理機構の活用による農業生産コスト削減等 ● 経営所得安定対策・米の生産調整の見直し ● 農業の成長産業化に向けた農協・農業委員会等に関する改革の推進	**④多面的機能の維持・発揮** ● 日本型直接支払制度の創設 ● 人口減少社会における農山漁村の活性化（地域コミュニティ活性化、都市と農山漁村の交流等）

出所：農林水産省

過大とも思われる大目標を掲げた。本書ではこの目標がリアリティをもっていると考え、その根拠を示しておいたが、スローガン自体は、保護農政の中心にいた農業団体を含め、誰も反対できない性格をもっていた。

しかも実際の政策目標は、「需要」「供給」「バリューチェーン」という三つの側面から成長産業をめざすという、経済学的にみても至極まっとうな内容をもったものだった。政策目標には、この三つの経済的目標に加え、「多面的機能の維持」という非経済的事項を加えた四つがあげられた（図表6－1）。三つの経済的目標の内容はおよそ以下のようなものである。

①　需要面の拡大政策として、需要フロンティアの拡大があげられている。国内での農産物需要を拡大し、海外市場を開拓し輸出を拡大する目標である。その上で、需要の拡大には、食の安

全と消費者の信頼の確保が必要だとしている。

② バリューチェーンの構築は、農林水産物の付加価値の向上を図る観点から、六次産業化の推進がまずもってあげられ、事業領域の拡大が謳われている。それとともに、流通システムの高度化や技術開発、畜産分野での付加価値の向上などがあげられている。この中から六次産業化の市場規模の拡大がＫＰＩ（Key Performance Indicator）にあげられ、２０１２年時点の１兆円を２０２０年度までに10兆円に拡大するとしている。

③ 供給面からは、生産現場を強化することが目標としてあげられており、担い手への農地集積、コスト削減があげられている。のちにコメの生産調整の見直し、農協や農業委員会の改革などがあげられることとなる。

施策のメッセージは明確だった。輸出で海外市場を展望し、フードバリューチェーンの構築によって国内市場規模を拡大し、さらに生産現場を強化して供給力を高めるといったことである。政策目標の最大の眼目は、これらを整合的に実施することによって農業所得の倍増を図るとするものである。それまでの稲作偏重、その根源にあった兼業農家維持政策とは一線を画す政策だった。

この政策は、さらに具体的な進捗の評価指標として当初五つの業績評価指標（ＫＰＩ）を設け、達成年度と具体的な達成目標数値を示すこととなった。当初の五つにその後二つ追加し図表６－２にみられるように七つのＫＰＩになっている。ＫＰＩによる目標管理は、工程表に落とさ

図表6-2　KPIの項目

KPI	基準		目標	
	スタート時	基準年	目標	年次
①輸出額	4,497億円	2012年	1兆円	2019年
②六次産業化の市場規模	1(4.7)兆円	2012年	10兆円	2020年
	4.7兆円	2013年	10兆円	2020年
③担い手への農地集積	48.10%	2013年	80%	2023年
④コメコストダウン（組織）	0割	2011年米	4割削減	2023年
（個別経営）	0割		4割削減	2023年
⑤法人数	1.2万経営	2010年	5万経営	2023年
⑥酪農の六次産業化	236経営	2014年	500戸	2020年
⑦飼料用米のコストダウン	0割	2015年米	5割削減	2025年

六次産業化は、**「統計上の六次産業化」と「市場規模の六次産業化」**とは異なっている。
統計上の六次産業化は①加工・直売だけだが（2013年で1.8兆円、2016年2兆円）、市場規模は、①加工・直売の他、（②輸出、③都市と農山漁村の交流、④医福食農連携、⑤地産地消（施設、給食等）⑥ICT活用・流通、⑦バイオマス・再生可能エネルギー）の都合7分野の合計額である（2013年で4.7兆円⇒2016年6.3兆円）。

れ、結果として進捗状況が一目でわかり、透明性が高く、国民や農業経営者への強いメッセージ性をもつこととなった。

これは、政治的スローガンや施策目標と違って、進捗管理によって具体的課題の実現を担保しようとするものである。

政治的にいえば、民主党政権下で保護主義農政を求めるマインドが強まり、またTPP加入反対が農村を覆っていたことを考えれば、保護農政から成長農政へのマインドチェンジをするには、有効な農政ツールだった。

KPIにはその達成度合いを

明確にし、どの政策が貢献しまた何が実現には足りなかったかを明らかにできる効果があり、政策目標実現に非常に優れた効果がある。その進捗状況と達成可能性が誰でもがわかる透明性の高い指標で成長農政を透明性の高いものにする効果があった。

透明性の高い農政からみえてくる成長農政の課題

ＫＰＩを導入することで、実現のための方策が考えられ、ＰＤＣＡサイクルが常に回されることになる。これで、農政はＫＰＩのような指標をよりどころにしながら、エビデンスをもって語られることになった。そうなれば、これまでの曖昧な概念や効果の曖昧な施策は淘汰されていくことになる。ただ、アベノミクス農政改革が７年を経過した２０２０年の時点でみると、政策目標やＫＰＩにはいくつかの課題がみえている。それは、あげられている数値が具体的なのに、目標の中身や数値が意外と雑だったりといった点である。

まず、政策目標の一つであるフードバリューチェーンの構築についていえば、次のような課題がみえてくる。

これは、もともと六次産業化を経営学的に説明するコンセプトとして用いられており、そのこと自体は非常に大切なことと思っている。

だが、この政策目標の説明を読むと、六次産業化に関する事業がいくつかあげられるとともに、その他に、技術開発など、バリューチェーンとどう関係するかわからないような事業も多くあげられている。しかも、これらの事業を農家が一人で農業生産から加工、販売までを行うなど、農業界の非常に狭い範囲に押しとどめているようにも感じるのだ。

そうなっているのは、二つの理由があるように思われる。一つは、農水省は、おそらくバリューチェーンを、マイケル・ポーターの考えに依拠して理解している節がある。二つは、戦後保護農政の基本ともいうべき自作農主義に準拠していると思われる点である。六次産業化が農商工連携に対抗してできた経緯からしても、農業者に限られた事業とせざるを得なかったのかもしれない。

ポーターのバリューチェーンは、第2章で述べたように一社で完結する企業バリューチェーンを指している。企業バリューチェーンで農業を行う企業には、食品加工メーカーなどの事業者が多く、インテグレーションなど、販売額200億円から400億円の大企業もあるが、六次産業化も企業バリューチェーンで考えるとすれば、資本力の小さい小規模農家にその仕組みが妥当かどうか検討の余地がでてくる。もし、六次産業化で成功しようと思えば、現実には他者との連携を意識しないわけにはいかなくなるのではないだろうか。

バリューチェーンを政策的に論じるなら、六次産業化＝企業バリューチェーンに限らず、本書で述べてきたように、チェーン上にある様々なステークホルダーと連携を取り、産業横断的にチェーンの最適化を図る産業バリューチェーンも含めて考えられなければならないと思う。

他方、他のＫＰＩに関しては、次のような課題がある。箇条書きにしよう。

① 農業所得倍増など勢いは良いが、長期的視点でみなければならない目標であり、農業所得の内容が不鮮明だったため、当初から実現が危ぶまれる政治的スローガンだったが、本書の提言通りに理解すれば、倍増は夢ではなくなる。

② 輸出は、関連業界（食品産業）の努力によって進展してはいるものの、本格的な農業成長政策に未だ難点を抱えていることもあり、畜産・穀物・野菜などの輸出に著しい進展がみられないといった課題が残っている。グローバルフードチェーンの創出が必要とされており、農業者が直接輸出に携わるという農水省流のバリューチェーンの構築では限界がある。

③ 六次産業化の市場規模は、それまでの概念と異なって「市場規模」という新しい指標を編み出し、ＫＰＩの実現が可能になるような計算方式を取っている。また、基準となった年次の数値が低く見積もられており、厳密に数字を検討すれば、目標達成はなかなか難しくなる。政策目標のところであげたように、産業バリューチェーンの構築をもっと考えてはどうかと思う。

④ 農地中間管理機構のような新たな組織を立ち上げたものの、従来ある農地保有合理化法人などの組織文化から大きくは変わっていないために、なかなか飛躍的な実現に至っていない。農業行政システムの延長上で考える農地行政は一度リセットする必要があるように思われる。その際のリセットのキーワードは、組織文化と業界文化の改革である。

⑤　農業法人数５万経営といった目標には、集落営農のような組織経営体の法人化だけを対象としており、家族経営の法人化が入っていないなど、経営者の増加目標とは距離のある指標となっている。そこでいう法人という概念を農水省自身も、国民も理解していないか誤解している節がある。そのため法人数の増加は、農業の成長産業化と密接な関係にはない指標となっているのは最も注意を喚起したい点である。第１章で述べたように、農水省は、農業経営者を定量的に把握できる指標を作り、その動向をビビッドに把握できるようにシステムを作り直す必要がある。

成長産業化に求められるＫＰＩが以上のように問題があることは、ＫＰＩという政策ツールを取り入れたことによってはじめて明らかにされたものであり、ＫＰＩ効果としてむしろ歓迎すべきことかもしれない。

今後もＫＰＩの達成に邁進したい農政三つのポイント

ただ、その実現は、必ずしも楽観視できない状況にある。

理由には、農政が過渡期にあるため、安倍政権といえども制度を大きく変えきれなかったことが影響している。例えば、輸出やフードバリューチェーンの構築のために、プロダクトアウトの構造を打破しようとする改革や、若者が参入しやすい農業を作ろうとして、生産調整や農業委員会、農協などの改革に手をつけたとしても、一朝一夕には変わり得ない制度や業界慣習が農業にはある。

ＥＵのように保護農政から一気に成長農政へと転換できない農政を、少しずつしか変えられないのがわが国の政治改革の特徴といってしまえばそれまでなのだが、肝心なことは、実現が困難になっているからといって、諦めてはいけないということである。目標設定や手法に課題があることもあるので、それらを修正しながら、繰り返し改革を進めていくことが肝要だろう。

私はこうしたなかで、今後農業の成長産業化にとって真剣に考えておかなければならない主要なＫＰＩは、次の三つだと考えている（図表６−３）。この三つに真摯に取り組むことによって、わが国の農業産出額は向上し成長産業になり得ると考えている。その意味ではこれらは今後の日本の農業の課題と言い換えてもよい。

一つは、国内外の市場の拡大（需要フロンティアの拡大）、特に輸出の拡大である。これは、これからのわが国農業がアジア等へ市場を広げ、グローバル社会の中で生きていけるかどうかの重要な指標になる。そのために輸出の拡大は喫緊の課題となっている。農業保護制度を価格支持から転換するとともに、グローバルフードチェーンなどの輸出のための体制整備が必要となる。

二つ目はフードチェーンの確立である。ＫＰＩでは六次産業化の市場規模の拡大となっているものである。これを農業者だけが行う六次産業化にとどめるのではなく、本質的には、本書で述べたように、農林水産物の付加価値の向上のためにフードバリューチェーン全体を見渡した農業の構築を本格的に図ることを課題としなければならないのではないか。フードチェーン農業と

図表6-3　KPIの進捗から見えてくるわが国農業の●三つの●課題

攻めの農林水産業
2013年KPIから見えてくる課題

i 輸出の拡大
国内外の需要拡大需要フロンティアの拡大
達成率91%　達成せず（97%）
⇒輸出のための体制整備に課題

ii 六次産業化の市場規模の拡大
達成率71%
⇒農林水産物の付加価値の向上
⇒フードバリューチェーン構築の制度設計に課題

iii 経営者数の増加
経営者の増加　組織法人経営に特化
達成率52%
（2005年の基本計画でも同じ目標）
⇒法人化政策自体に課題

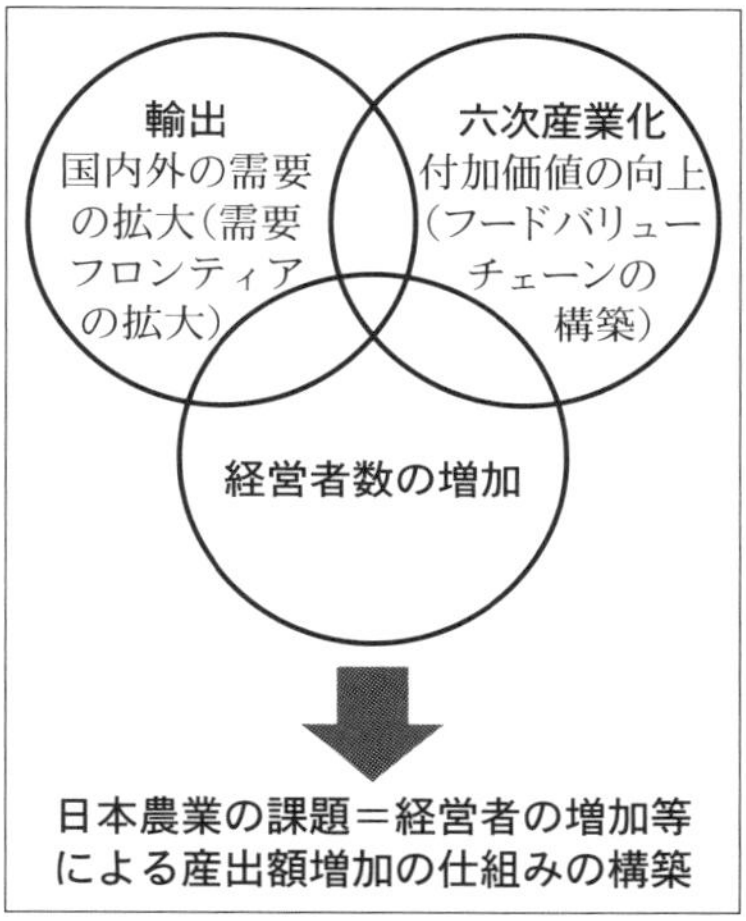

注：達成率の数字は2019年末で公表されている数字

は、食と農の連携を図る農業である。連携を図りながら、チェーン全体の最適化を促し、生産性を高め事業拡大する農業である。

三つめは経営者数の増加である。これは農水省が定義する法人経営（組織経営体の法人化）の増加を主要指標ととらえるのではなく、例えば、ある程度以上の販売額を指標にし、彼らの数や販売額をいかに増やすかに焦点を当てた方がよいだろう。そう考えると、法人経営には、組織経営体の法人化以外にも、家族経営の法人化も視野に入ってくる。農業経営者の予備軍を農業者に限らず国民全体にまで広げる施策も必要となる。また本書で示したようなフードバリューチェーン農業といったビジネスモデルを普及することも経営者の増加に結びつく。おそらく、こうした方向は今後不可逆的に進むことになるだろう。

要はこれまでの農業政策制度に様々な視点からメスを入れる必要が出てきているということである。

2 成長農政の経済的性格

農政改革の本質は、ＴＰＰを見据えた農業関連市場改革

攻めの農林水産業に始まる一連の農政改革は、ＴＰＰへの参加を念頭に置いて進められたものである。農政改革は次のような順番で進められていった。

個々の具体的改革に即していえば、

① ２０１３年２月、まず攻めの農林水産業で改革の方向を示し、
② ２０１３年３月にＴＰＰ交渉への参加を表明することから始まったが、
③ 12月には農林水産業・地域の活力創造本部で、生産調整を２０１８年に見直すとし、
④ ２０１４年には農協改革を断行し、翌年に農協法等を改正した。
⑤ ２０１５年11月には、ＴＰＰの大筋合意を受け総合的なＴＰＰ関連施策大綱を発表し、全般的なＴＰＰ対策を講じる体制を整える。２０１５年から２０１６年11月にかけては、農業資材など農業関連市場・業界の改革に着手し、併行して全農改革を推進した。２０１７年

に、それらを農業競争力強化促進法の施行に結びつけた。総合的なＴＰＰ関連施策大綱以降の一連の改革を農政新時代と命名し、これまでの保護農政から競争力をもつ農政への転換を印象づけた。

⑥　２０１７年には卸売市場改革を行い、翌年卸売市場法及び食品流通構造改善促進法の改正を行った。

六つの改革は一見ばらばらにみえるが、いずれも、農産物、農業資材などの農業関連市場を改革し、農業者の所得が向上する条件を整備するという点で共通している。もちろん一つひとつの改革には複数の事情が関連しており、農業関連市場改革以外の要素が含まれることもあるが、その場合でも世界市場を見据えた若者が期待できる農業の創造、そのための農業関連市場改革という政権が狙う本質を外してはいない。

農政改革は、グローバル化に適合的な農業を作ろうとするいわばＴＰＰ対応の改革であり、そのために国内外を見据えた農業関連市場改革を意図し、さらにそのことを通じて農業の成長産業化をめざそうとするものである。

農業関連市場という言葉は、農業に関係する官・民すべてが関与する経済であり、農業界といい換えてもよい。

ＥＵは、１９９３年のＵＲ合意を受けてマクシャリー改革など、成長産業化に向けて動き出したが、わが国は、２０１５年のＴＰＰ合意をめざして国内農業を成長産業にしようという動きが始まったということである。つまりＥＵに約20年ほど遅れてしまった。

民間の力によって農業の供給力を高める

ＴＰＰ対応の農業関連市場改革を本質とする農政改革は、同時に民間の力によって農業の供給力を高めるいわゆるアベノミクスの第三の矢の一環としての性格をもつ。

アベノミクス成長戦略では三本の矢（大胆な金融政策、機動的な財政政策、民間投資による成長戦略）が掲げられている。第一や第二の矢が、潜在供給力に満たない需要不足を補う施策なのに対し、第三の矢は供給力を向上させようとする本格的な成長戦略としてである。

第一と第二の矢が国内総生産（ＧＤＰ）の需給ギャップに対応する経済政策で、短期間で成果が上がりやすい政策なのに対し、第三の矢は供給力を向上させる経済成長戦略となるため成果が出るには長期に及ぶ性格がある。

そのため、規制改革や市場改革など競争条件を整備しながら民間企業や個人の生産性や供給力を高め実力を発揮できる社会をめざす第三の矢に関しては、なかなか成果が上がらないとの批判もある。

農政に関していえば、それまでは、米価維持や農家保護を目的とした補助金に加え、農業土木事業といった公共投資など、財政主導での農政であり、農村への価値移転がわかりやすい政策であった。米価政策に関しては、消費者負担が加わり、完全な財政負担ともいえないもう少し複雑な政策となっているものの、ともあれ、これらはマクロ経済政策でいえば、需要創造政策であり、わが国の伝統的な保護農政として定着してきた手法であった。

第三の矢の、供給力を向上させる成長戦略は、マクロ経済的には完全雇用が実現しデフレが解消した状況下では誰しもが必要と考える政策である。技術革新や産業構造の転換を伴い、供給全体を押し上げ、GDPの増加をめざす政策で、わが国の産業の将来を考えれば避けて通れない道である。

農業界は当時TPP反対運動のまっただ中にあり、需要創造の農業政策になじんでしまった農業界で、しかも農業の担い手が弱体化しているなかで、生産性を拡大し供給力を向上させる農業の成長戦略への農政転換は安倍政権にとってもある種の賭けであった。供給サイドの成長農業化への農政の転換は、誰しもが必要な施策と感じつつも、政治的には難しい状況にあったのである。

安倍政権は、それを最初の3年間で、生産調整を廃止するとし、農協改革で戦後的な農政の枠組みに区切りをつけ、将来を見越した供給力向上による農政への道筋を示した。また農協は長年保護農政の主役を担っているうちに、兼業農家や准組合員といわれる非農家によって支えられるようになり、農業生産を拡大し生産力を向上する農業施策に真正面から取り組むインセンティブが希薄になっていた。

サプライサイドの成長戦略は、Society5.0となりさらに続く

さらに、地域や分野を限定して、大胆な規制・制度の緩和や税制優遇を行う構造改革特区制度が別途設けられた。これは、世界で一番ビジネスをしやすい環境を作ることを目的とした制度で、2014年5月に最初の区域が指定された。農業では、大規模農業の改革拠点として新潟市が、中山間地の改革拠点として兵庫県の養父市が指定されている。

こうした中で、TPP対応の農業関連市場に関する改革が提言され、供給力を高める農業改革が行われてきたのである。2018年で、こうした改革が一段落した感はあるが、第三の矢は、その後Society5.0を実現する産業政策を立ち上げ、世界水準の生産性を備えた産業構築をめざす方向へ推移している。

農政では2016年から農業競争力強化が議論されることとなり、情報通信技術（ICT）を駆使したスマート農業が語られるようになった。スマート農業では今のところ、農業生産現場での情報化をめざしたものとなっているが、やがては本書で何度も指摘したようにフードバリューチェーン全体で情報を共有し、農産物流通の川下から川上までのチェーンの最適化をめざした動きとなっていくだろう。そうなることによって農業の生産性は飛躍的に向上することが期待されている。それは、社会全体で情報を共有するデータ駆動型農業、すなわちSociety5.0のワンステップとなる。近年では農協もスマート農業の推進にポジティブな姿勢をみせるようになり、供

給（サプライ）サイドの成長戦略は軌道に乗りつつある。

3 政官業のトライアングルから官邸主導へ

政官業のトライアングルの解体プロセス

安倍政権で、保護農政から成長農政に一気に変わったようにみえる。だが、マーケット主導、経営者を中心とする成長農政は、1990年前後から年月をかけて様々に改革を続けてきたものであり、改革のパーツはすでにできていた。ただ、保護農政の政官業のトライアングルが強固で、なかなかそれぞれのパーツがうまく機能しなかったのである。特に、2007年暮れから2012年暮れまで（2008年から2013年までと言っても良い）の5年間は、成長農政と保護農政の間での対立が政治的にも激化し、TPPも絡みながら不毛の議論を続けていた。そうしたなかで農業の産出額や農家所得は低下を続けていたのだが、それを、成長産業をめざす方向に変えられたのは、政官業のトライアングルを変質させ、官邸主導農政が実施できたからであった。それには安倍政権の政治的リーダーシップが大きかった。

政権がどのようにして政官業のトライアングルを崩したのかといえば、これにもTPP参加が絡んでいた。

安倍政権の成長農政は、ＴＰＰに対応するための国内政策の特徴をもっているが、第二次安倍政権が誕生した２０１２年12月当時は、ＴＰＰ参加をめぐり日本の農業界は大いに荒れていた。今では誰でも知っていることだが、ＴＰＰでの農業混乱の始まりは民主党政権にあった。政権内部での農林族議員の発言力は大きく、当の政権内部で賛否が分裂し制御不能となったことが混乱の始まりであった。

農水省はＴＰＰで農産物産出額の８兆円のうちの半分以上、４兆１千億円が減少してしまい、９割のコメが壊滅するとする試算を打ち出していた。こうした試算を背景に農業団体はＴＰＰ反対運動を過熱させていった。農協も自らの主張は政治家が必ず聞いてくれる、と考えていただろう。政官業のトライアングルが、ＴＰＰ反対運動を過熱させていったのである。

こうした混乱にくさびを打ったのが第二次安倍政権である。

政権交代した安倍政権は、農業を若者に魅力のあるものにしなければならないと考えていた。そのためにも、成長産業化をスローガンにし、政官業のトライアングルを崩し、官邸主導でＴＰＰ参加へ切りこんだ。驚いたのは、党内調整や農業界との地ならしなどを担う自民党のＴＰＰ対策委員会の委員長に、西川公也衆議院議員を抜擢したことだ。西川はいわずと知れた農林族の中心人物で、ＴＰＰ参加は農業社会の崩壊を招くとして交渉参加即時撤回を求めていた。その西川にＴＰＰ参加に向けた党内の調整をまかせたのだ。

総理は、２０１３年３月の党大会でＴＰＰ参加表明を考えていた。

内容は、農林水産分野の重要5品目等や国民皆保険制度などの聖域の確保を最優先し、それが確保できないと判断した場合は脱退も辞さないとするものであった。この文言は、その後のTPP参加表明をした自民党大会でも、また4月の農水委員会での決議でも引き継がれていった。西川はこの文章をもって党内をまとめていったのである。

こうした自民党の動きに対し、変わり身が早かったのは、官の農水省である。混乱の発端となったコメは壊滅、甚大な影響としていた試算は、政権交代すると、いつのまにかコメの壊滅はなくなり、4兆1千億円の減少は3兆円と影響が弱まっていた（13年）。ちなみに、TPP大筋合意後は影響は限定的（15年）とさらに変わる。

だが、農協のTPP反対運動は、2013年7月の参議院選挙を前に、票を盾に真っ向から立ち向かっていた。これは半ば政治闘争であり、全中は、農林族議員や野党を巻き込んで闘争を繰り広げていたのである。農協は、この時点でも、自らの主張は農林族が必ず聞いてくれると政官業のトライアングルを信じていた節がある。

票を盾にした野党も巻き込んだ政治闘争は、それまでの条件闘争とはまったく違っていた。またウルグアイ・ラウンド時の農協の政治運動の頃とも、農業を取り巻く環境は大きく違っているのに農協は気づかなかった。もともと市場適応組織への変容を遂げている農協が、こと米価やTPPなどの関税や貿易に関しては市場対抗組織としての性格をむきだしにするこの反TPP運動は、いかにもTPOをわきまえていない政治運動だった。

こうした農協の状況に対し、官邸は、農協改革をいい出した。内容は、全中解体、農業振興団体としての地域農協の構築である。

農協組織の主役は全国農協中央会や全農ではなく、農業者であり地域農協であるとする至極まっとうなことをいった。農協は政治団体となっているのが問題だったし、農業振興団体でなくなっているのが問題だった。そのため、地域農協には、全中等から制約を受けずに、自由な経済活動を行うことによって農産物を積極的に販売して農業者にメリットを出すことが求められた。

全中は、全国におよそ700弱ある地域の農協（単協）を束ねる組織である。JAグループのピラミッド構造の頂点に君臨し、農協の思想を形成してきたヘッドクオーターである。

農協改革では、全中を、①2019年3月までに現在の特別認可法人から一般社団法人に移行させるとした。それは全中が農協法から外れることを意味した。さらに、②地域農協に対する全中監査の義務づけを廃止した。これは全中の地域農協への支配力を削ぐことになる。

安倍政権の農協改革は、全中解体ではなく、全中の一般社団法人化で寸止めした状況で、全中に逃げ道を残して終わった。紆余曲折はありながらも全中はこの案を受け入れた。政官業の、官と業に変化がみられた。

自民党農林族の変質

農林族の西川を起用したのち、安倍総理は、自民党農林部会長に齋藤健衆議院議員を登用する。農林部会は自民党の農林族の拠点であり、実力派の農林族議員はすべてこの部会長を経験している。

齋藤健は、経産省出身で、それまで農業にはあまり関わってこなかった議員である。この人事には、農政を経済法則に則った成長農政へ転換するといったメッセージがあり、同時に党内外に自民党農林族は変わったといったメッセージを発信した。齋藤健は、その後もう1年農林部会長を経験した後、農水副大臣に就任し、さらに農水大臣に就任する。

農協のいうことばかり聞いていた農林族が大きく変わったと国民が思うようになるのが小泉進次郎衆議院議員の登場である。齋藤の後の農林部会長を引き継いで2015年小泉農林部会長が登場した。小泉は本人がいうように就任当時は農政に関しては右も左もわからない3回生の若手であった。

小泉が部会長に就くと、副部会長に福田達夫を指名し、総理経験者の息子二人が農林部会で活躍する姿は、農政に限らず、自民党農林部会にフレッシュで明るいイメージを与えた。農業を若者に魅力ある産業にしたいという安倍の思いが形となって表れた感じだった。

すると、西川公也や江藤拓といった農林族と呼ばれた議員が彼らを積極的に補佐する構図が生まれていった。西川は、小泉等を前にこれまでの農政で悪いのは三つ。一つは族議員、私も含めて。二つ目は農水省。そして三つ目が農業団体だよ。だから変わらなきゃいかんな（田﨑史郎『小泉進次郎と福田達夫』文春新書）と、自らの姿勢も含めて語ったというのだから、昔から農政をみてきた私からすれば驚きの光景が広がり始めていた。農協のいいなりになり、戦後保護農政を進めてきた農林族議員は、安倍の成長産業化や安倍の党内人事によって変質を遂げていったのである。

成長農政改革を進める安倍総理も農林族だった？

しかし、安倍総理は、決して旧農林族を孤立させることはなかった。環太平洋パートナーシップ協定等に関する特別委員会で次のような述懐をする。２０１６年10月16日のことだ。農林部会長小泉進次郎の質問に答え、かつては安倍自身も農村地帯を選挙区にもつ議員としてよく頑張ったが、そこから成長農政を考えるに至った経緯を自らの言葉で語っている。

初めて当選したのは１９９３年。地元は農村地帯なので、農林部会にもしょっちゅう顔を出していた。農林部会の主なテーマは、農業をいかに守っていくかということ。随分頑張った。何とか価格を維持し、できれば少しは上げたい。そして海外から一切物は入れない、と同時に輸出はみんなまったく考えていなかった。一生懸命頑張ってきた結果が、平均年齢66歳の農業を作ってしまい、若者は魅力を感じなくなってしまった。農家の収入も全体で減ってきた。

しかし、よく考えてみれば、食品の市場の規模は世界で毎年毎年急速に増えている。残念ながら、我々はその増えている市場を農家の収入に引き込むことができていない。そうした意味では、改革をしなければ将来がないんだろうと思う。

若者に守ってあげるから入ってこいといっても入ってこない。若者は、自らの努力と情熱で新しい地平線を切り開いていける分野だということになってはじめて入ってくる。そのなかで、農協も中央会もみんなに協力をしていただいて農家の収入がしっかりと増えていく、私はそういう農業を作っていきたいと思う。

ＴＰＰによって海外からも入ってくるが、逆にアメリカへの肉の輸出はチャンスを迎える。そういうチャンスをしっかりと生かし、かつ、しっかりと農家に高い収入を残していく、これは大変なポイントだろう（話し言葉の議事録を著者が書き言葉に修正）。

これは当時全農改革を推し進めていた小泉農林部会長を励ましながら、中山間地農業の有り様に危機感を募らせる江藤拓をはじめとする農林族といわれた委員をも念頭に置いた述懐である。安倍はその後、江藤を農水大臣に起用し（２０１９年）、安倍が重用してきた西村康稔（経済財政相）、萩生田光一（文科大臣）らと同列に置く配慮をみせる。

そして官邸主導へ

農政改革を断行するには、政官業のトライアングルに代わる従来とは異なった方式が求められていた。成長への政策策定や、縦割り行政の克服や政治的イニシアティブの確立の仕方、国民へのメッセージの伝え方、等において、安倍政権は、それに官邸主導で対応した。

まずもって、総理を本部長、官房長官と農水大臣を副本部長とする農林水産業・地域の活力創造本部を立ち上げ、農政課題は本部で決定していくとした。司令塔として、経済財政諮問会議で、会議との連携の下に日本経済再生本部（２０１３年）が設置されることとなった。日本経済再生本部も、農林水産業・地域の活力創造本部も総理が本部長であり、官邸主導を演出する効果があった。

農政の方向は、その日本経済再生本部傘下の競争力会議（のち未来投資会議）と、従来あった規制改革会議農林部会とで議論され、その結論を農林水産業・地域の活力創造本部で審議した後、翌年の日本再興戦略（２０１７年からは未来投資戦略）に書き込み、通常国会で法制化をめざすといった流れである。

これによって、一部の農林族議員の意見ではなく、政権党の意志が明確に反映するようになり、政治のイニシアティブを明確にする効果が出てきた。

しかもＫＰＩによる目標管理は、工程表に落とされ、進捗状況が一目でわかり、透明性が高く、国民や農業経営者への強いメッセージ性をもつことになった。目標達成のための各部局の役割も明確になり、縦割り行政の弊害も緩和される効果もあった。

よく官邸主導は安倍政権下で作られたものといわれるが、この仕組みは実は与野党を超え、すでに10年以上の歴史があることはあまり知られていない。

農業の失われた20年の出口がみえなくなっていた頃だ。政治的混乱が続いていた09年1月、麻生政権下で官邸に農政改革関係閣僚会合が立ち上げられ、官邸主導とはいわないまでも、官邸が後見する仕組みが始まっていた。さらに官邸主導は民主党政権のスローガンであり、食と農林漁業の再生実現会議は形式としては官邸主導だった。麻生政権では、明日にでも選挙かといったなかで、あまり機能することはなかったし、民主党は官邸が混乱していたため、制度を作っても会議をするだけでほとんど機能しなかった。

それをうまく使ったのが、安倍政権ということである。仕組みもそれまでになく良く作られていると思う。これによって、それまでの利害関係者を向いた農政から国民を向いた農政になり、国民の前に誰が農政に責任をもつかわかる行政へと徐々にシフトしていった。行政の縦割りや一部の族議員によるバラマキ農政は、与野党問わず政権にとっては解消しなければならない大きな課題だったのである。

官邸主導農政は、透明性が高く、いつでも検証可能となっており、官僚との関係も、官邸の意思によっていつでも動かせるシステムに変わってきた。官僚は、無謬主義や思考停止、あるいはトライアングルで意思決定してきたこれまでのシステムから決別せざるを得なくなっている。今後、これまで農水省が担ってきた農政は、農水省案だけといった状況から、内閣府や経産省の案もプランBやプランCとして出てくることが考えられ、それを官邸が選択し農水省が実施するといった時代になっていくのではないだろうか。

よく霞が関からは、官邸主導になって、公務員のやる気が失せ、ミスや忖度が多くなったという声が聞こえる。これらの原因として、安倍政権の官邸主導人事で多くの官僚のやる気が失われたからとする論調がよくある。

私は、官邸主導によってやる気が失せたのは、官僚主導への批判がボディブローのように効いてきて官僚システムが変わってきたためと思っている。

わが国の統治システムは、官僚内閣制や官僚国家といわれ、省益あって国益なしなどとも揶揄されてきた。そのため官僚組織や省庁の縦割りが強いわりには大臣の力は弱いシステムだった。官僚組織がいかに強かったかは、例えば、戦後の保護農政システムを作ったのが当の農林官僚たちであったことを考えてみても明らかだろう。そうした官僚主導国家に対してはこの間様々に批判がなされ、１９９０年代から政治家のリーダーシップを強化する観点から、省庁再編や選挙制度改革等、様々な統治改革が行われてきた。その極致は、民主党政権の頃で、官僚を「シロアリのように国富をむさぼる」といい、官僚を蛇蝎のごとく忌み嫌い、彼らの政策参加を杓子定規に排除していった。

この間、官僚制度は20数年にわたって批判にさらされ続け、各種改革の中で相対的に地位の低いものになり、プライドに支えられていた霞が関システムの劣化が進んでしまったとみて良いのではないか。

農水官僚に関していえば、戦後作った保護農政を長年続けてきた結果、「失われた20年」に至っても、それをまっとうな政策と思いこんでしまったことが大きな問題であったように思う。

農林行政の役割が、政治主導によって保護から所得増加に変わり、新たな目標の提示をうけてはじめて農水省は成長農政に舵を切ろうとしている。21世紀に入ってからの農水省には、すでに官僚国家といわれた面影はなく、現状をみながら農業所得や産出額をどのように増やすかといったことを考える気概があるのかどうか、わからない状態にあったのではないだろうか？　地盤沈下が著しく、はたして今後変わることができるのか問われている。

懸念は、政権が代わって官邸主導のようなシステムがなくなってしまう可能性だ。現に官邸主導に対する批判は随所から引きも切らず聞こえてくる。なくなる可能性もなしとはしない。しかし、農業はもう農政に頼る時代ではなくなっており、農政の有り様が成長農政の足を引っ張るということはなくなっていくと私は考えている。

成長農政で変わった世論

成長農政になって、私が何より驚いたのは、農業界の世論があっという間に変わったことである。私が農業は成長産業に変えられると主張していても、多くの人に賛同していただいた反面、農業界にはどこか納得しない雰囲気があった。

それまでの農業界世論は、農業弱体産業論であり、「アメリカやオーストラリアと比べて規模が小さく競争力はない」「輸出もできない」といったものである。それが、「日本の農業は成長産業になれる。輸出も可能で、農業所得は倍増できる」と百八十度変わったのだから、弱体論を唱えていた人々にとっては、ある日突然起きた大きな驚きだったのはわかるが、それ以上に世論が、そうだよね、農業には可能性があるよねと一気に変わった。それにつれて、全中なども、農業所得を向上させなければならないなどと、これまでとは違った前向きの主張をするようになっていくのだから、こちらの方がむしろ大きな驚きだった。

とはいえ、農水省の中でも、平成の初めから長い年月をかけて改革に取り組んできた官僚たちにとっては別に驚くには値しないことだったろうし、本書で書いてきたように、農業が民間の力で動き始めたのだから、世界的にみても、また歴史的にみても、わが国の農業の世界がやっとまともになったとみていいのだろうと思う。

おわりに

筆者は長年農業経営学を学んできたが、最近では農家の相談相手である農業経営アドバイザーの方々の御意見をうかがうのも仕事の一つとなっている。

そうした中で、この頃次のような話が多くなってきた。

「昔は農業は儲からない産業だと言われていたが、この頃は若い人たちが結構楽しいと言って従事するようになった。新しい農業ビジネスが多様に生まれている」

なぜ苦痛の農業から楽しい農業に変わり、新しい農業ビジネスが生まれるようになったのか。本書の読者の方はすでにお気づきと思う。

まずもって、農家自身の裁量の余地が増えてきたことが大きいのではないか。農業現場から農政の影響が後退し、代わって民間ビジネスが前に出てきたということである。

保護農政のもとでは、保護の代償として農業はがんじがらめにされ、何をやるにも農政が関与していた。それが、農政がどうあれ、自分で創意工夫しながら農業へ関与できるようになった。自分で責任を持ってやれると言うことは非常に大切なことだと思う。

また、農業と他産業の垣根がだいぶ低くなったことも大きく影響している。つい最近まで企業参入が是か非かといった議論もあったが、今や企業は様々な形で農業と関係するようになっている。関係の仕方としては、本書でテーマとしたフードバリューチェーンの構築者や当事者として参加するケースが多く、今後の農業は、フードバリューチェーンの作り方によって多様になってくると考えてよい。

フードバリューチェーンが農業ビジネスを牽引する大きな力となってきて、その延長上に今後の10年がある。流通業者や物流業者等の影響が大きくなり、農業は農業経営者（大規模農家や企業）優位の構造に大きくシフトする。それによって農業の生産性や農業所得の向上に拍車がかかることになる。

ただ、大規模農家といっても相対的に大きいという意味で、大中小にさしたる意味はない。販売額5千万円以上の農家であったとしても、農村にはそれ以上の規模を持つ建設業や零細中小企業はざらにある。通常の統計等でいえばまだまだ「零細」な事業体であり、農業経済学の用語でいえば、「小農」であり「家族経営」や「同族経営」である。成長農政といっても、せいぜい小農保護から小農自立へ変わったという程度であり、世のダイナミズムから言えば、実につましい変化である。

それでも、この間の農業のイメージを転換する原動力となってきたのがこうした農業経営者（大規模農家や企業）である。彼らが新しい農業を実践し、農業を魅力のある産業ととらえる意識やイメージを作り上げてきた。それが農業を苦痛の産業から魅力ある産業と人々が感じるようになった根底にある。

それにつれ、農業を生活の一環として考える新規就農者の増加も見られるようになった。いわゆる小さな農業である。小さいと言っても、これまでの小さな農家とは少々意味合いが違っていて、ずぶの素人と言っても良いような人たちが新たに農業をはじめ、農村の平均所得ぐらいは得られるようになっている。こうした動きから何が見えてくるかと言えば、「農業・農村は本当にすばらしい」と腹の底から考える人々が増加しているということである。そうした意識から、また新しい農業ビジネスが生まれてくることになる。

ここで留意しておきたいのは、農業ビジネスが拡大するにつれ、農業経営者の仕事もリスクも拡大するといった点である。経営者はそれらすべてに自分で対応していかなければならないが、やはり、経営の相談相手が必要となってくる。

冒頭であげた「農業経営アドバイザー」も相談相手の一人となり得る。これは日本政策金融公庫が資格を与えているもので、普段はそれぞれの組織に属しているのであまり気づかれていないが、その数は全国ですでに6千人に近づいている。所属している組織とは、地銀や信金・信組、民間企業や農協、信連、税理士や労務管理士であり、日本政策金融公庫や農林中金といったところである。

こうした相談機能は、ビジネスが主流の農業になればなるほど必要になる。つまり、農業分野も中小企業と同じような状況になってきたと言うことである。

本書は、多くの農業に関わる経済人との交流なくしてはできなかった。農業経営アドバイザーやアグリフードＥＸＰＯでお会いする方々からの示唆も大きかった。その場を提供くださった日本政策金融公庫農林水産事業本部の皆様に感謝申し上げたい。日本プロ農業総合支援機構の高木勇樹理事長や日本食農連携機構の増田陸奥夫理事長にはひとかたならぬご支援いただいたことに感謝申し上げたい。

また、この間、自由に研究する場を与えてくださった経団連のシンクタンク、21世紀政策研究所にも感謝申し上げたい。

最後に本書のタイトルから編集に至るまでおせわになった日本経済新聞出版社の平井修一氏に感謝したい。

成長産業農政への転換は、長い保護農政の歴史から見れば、今起きたばかりである。農政から民間ビジネスに転換したとは言え、まだ農業はよちよち歩きである。これがしっかりとした足取りとなるよう、本書を役立てていただければこれほどうれしいことはない。

【著者紹介】

大泉一貫（おおいずみ・かずぬき）

宮城大学名誉教授／経団連21世紀政策研究所研究主幹／日本政策金融公庫農業経営アドバイザー活動推進協議会会長／日本地域政策学会名誉会長
1949年宮城県生まれ。東京大学大学院修了。農学博士。農業経営の成長を目指す農業改革や、農業政策、地域政策への提言活動に取り組んでいる。内閣府『規制改革会議』（地域経済・農業部会）、内閣官房『食と農林漁業の再生実現会議』、同『産業競争力会議農業分科会』等の委員や専門委員、有識者等を歴任。
編著書に『日本の農業は成長産業に変えられる』（洋泉社）『農協の未来』（勁草書房）『希望の日本農業論』（NHK出版）『2025年日本の農業ビジネス』（講談社）等

フードバリューチェーンが変える日本農業

二〇二〇年三月二四日　一版一刷

著　者――大泉一貫

発行者――金子　豊

発行所――日本経済新聞出版社
https://www.nikkeibook.com/
東京都千代田区大手町一－三－七
郵便番号　一〇〇－八〇六六

装　幀――野網雄太

組　版――マーリンクレイン

印刷・製本――中央精版印刷

ISBN978-4-532-32332-5

Printed in Japan